O que os psiquiatras não te contam

FÍSFOR

JULIANA BELO DINIZ

O que os psiquiatras não te contam

Posfácio por
CLAUDEMIR ROQUE TOSSATO

2ª reimpressão

Gostaria de tornar possível um riso que não se faça à custa dos cientistas, mas que, idealmente, possa com eles ser partilhado.

Isabelle Stengers[1]

Faço dos desejos de Isabelle Stengers os meus

9 Introdução

PARTE 1: A CIÊNCIA DOS REMÉDIOS

17 A culpa é do cérebro?
32 Pelo fim do estigma da preguiça
41 Uma ciência de muitos candidatos, mas nenhum eleito
57 Dois limões por dia
65 Placebo não é palavrão
76 O nascimento dos antidepressivos
88 Remédios para depressão sob suspeita
106 A culpa não é dos remédios

PARTE 2: A CIÊNCIA DO CÉREBRO

119 A pré-história dos estudos do cérebro
127 O incrível mundo das imagens do cérebro
137 O cérebro em ação
144 Dando sentido às imagens
151 Promessas

PARTE 3: A CIÊNCIA DO SOFRIMENTO HUMANO

- 165 Um Carnaval que não terminou em folia
- 180 Diferentes visões de mundo
- 191 O valor das psicoterapias
- 200 O monstro que precisa sair do armário
- 206 Determinantes sociais

- 213 EPÍLOGO
- 215 AGRADECIMENTOS
- 217 POSFÁCIO
  Claudemir Roque Tossato
- 228 NOTAS
- 250 ÍNDICE REMISSIVO

Introdução

Neste livro, pretendo desmistificar o senso comum de que psiquiatras servem exclusivamente para receitar medicamentos e de que transtornos psiquiátricos são, por óbvio, doenças do cérebro. Do mesmo modo que a psiquiatria é muito mais do que uma especialidade médica que sabe indicar antidepressivos, calmantes, estimulantes e antipsicóticos, os transtornos psiquiátricos vão muito além do resultado de um mau funcionamento do nosso cérebro.

Transtornos psiquiátricos não são mitos, mas tampouco são doenças como outras quaisquer.

Refutar uma psiquiatria que olha para nós, humanos, como se fôssemos cérebros desprovidos de história tem se tornado cada vez mais necessário em um mundo que culpa a dopamina pelos efeitos das redes sociais, que acredita que conexões cerebrais desorganizadas nos fazem agir como estranhos e que diz ser possível treinar nosso cérebro para o sucesso. O discurso centrado no cérebro, inclusive, está por todo lado, desde vídeos recordistas de visualizações sobre "dez coisas que alteram a química cerebral" até promessas de modificar receptores de dopamina com mudanças de hábito lotando as prateleiras de livrarias nas seções de autoajuda.

Pôr a culpa no cérebro não é um detalhe desimportante. Esse é um discurso que afeta a percepção geral acerca das doenças mentais e alimenta crenças relativas ao alívio de qualquer conjunto de sintomas, ou mesmo nos aproxima da fantasia de uma produtividade constante e extraordinária. E na escolha dessa retórica, a psiquiatria não é inocente. Muitos psiquiatras incentivam a disseminação desse discurso cerebral alegando boas intenções. Não duvido das boas intenções, mas questiono se o tiro não terá saído pela culatra.

A afirmação de que "transtornos psiquiátricos são doenças do cérebro" tem sido usada como forma de reivindicar legitimidade à psiquiatria enquanto especialidade médica. Como se, caso ultrapassássemos fronteiras estritamente biológicas, fôssemos diminuir o problema de quem sofre e tirar os psiquiatras do escopo da medicina, lançando-os em rota de colisão com o pensamento científico. Ou seja, ao recusar o discurso do cérebro, é como se estivéssemos defendendo uma realidade condenada a discussões filosóficas intermináveis e improdutivas, e não científicas. Além disso, muitos psiquiatras afirmam que associar transtornos psiquiátricos a supostas disfunções cerebrais é uma forma de reduzir o estigma em torno da doença mental. Para eles, aproximar os sintomas emocionais das manifestações de um infarto ou do diabetes é uma forma de driblar o imaginário popular em torno do estigma da "loucura". Um termo que, embora não seja mais empregado na psiquiatria, nunca deixou de circular entre o público não especializado.[1]

Ao longo dos capítulos, me oponho a essas afirmações. Pretendo mostrar que ir além do cérebro não só é seguro como é essencial para que não sejamos reduzidos somente aos nossos atributos biológicos. Em outras palavras, sustento que não devemos nos iludir com a crença de que poderíamos ser mais bem definidos pela nossa sequência de DNA, pela composição da nossa microbiota intestinal, pela organização das nossas conexões cerebrais, pelo nosso perfil de marcadores inflamatórios ou qualquer outro elemento do imaginário científico.[2] E ainda tento nos poupar de sofrer em decorrência da fantasia de que somos falhos por sermos incapazes de treinar o cérebro para o sucesso.

Concordo que precisamos combater o estigma em torno das doenças mentais, mas não acredito que criar uma mitologia cerebral é a melhor forma de fazer isso.

Não deixa de ser verdade que os estudos do cérebro, conhecidos também como neurociências, se sofisticaram muito nos últimos anos e que hoje o conhecemos melhor do que nunca. Apesar de toda a inovação e produtividade das últimas décadas, esses estudos ainda contribuem muito pouco para a nossa compreensão do sofrimento humano. Exceto por alguns tratamentos aplicados ocasionalmente,[3] as neurociências não trouxeram nenhuma revolução terapêutica. A maior parte dos tratamentos que usamos hoje são versões do que já existia na década de 1960. Portanto, focalizar o cérebro como causa de nosso sofrimento corresponde muito mais a um desejo de encontrar todas as causas do sofrimento nele do que a uma conclusão baseada em resultados científicos que confirmem que é lá que encontraremos as soluções para os nossos problemas.

Ao longo da minha trajetória como psiquiatra, transitei intensamente pelas neurociências. Conduzi diversos trabalhos científicos, publiquei artigos e participei de congressos. O discurso focado no cérebro certamente me é familiar. Nos intervalos da carreira acadêmica, trabalhei em hospitais psiquiátricos e consultórios médicos, e me familiarizei com algumas formas de psicoterapia, o que fez com que o atendimento clínico e o trabalho de psicoterapeuta também se tornassem velhos conhecidos. O universo das neurociências, a clínica psiquiátrica e as diversas formas de psicoterapia falam línguas diferentes, mas eventualmente compartilham um objetivo comum: ajudar as pessoas a sofrerem menos, do ponto de vista emocional. Nas duas décadas que vivi nessa torre de Babel, minha paixão pela psiquiatria nunca arrefeceu. Continuo acreditando no nosso potencial, dos psiquiatras, de trazer algum alento para os sofrimentos emocionais, mesmo reconhecendo que nossa atuação é limitada. No entanto, entendo que, para continuarmos relevantes, precisaremos resistir à tentação de aplicar, sem reflexão, protocolos de tratamento que ignorem sem constrangimento aquilo que nos torna humanos.

Assim, o que nós, psiquiatras, não te contamos é que, à revelia de toda a produção neurocientífica, na verdade ainda não sabemos o que se passa dentro do seu cérebro, nem sabemos por que os nossos remédios, às vezes, funcionam. Como veremos ao longo deste livro, a descoberta dos primeiros remédios com efeito antipsicótico ou antidepressivo foi acidental, e desde então aprimoramos nossos medicamentos a partir de tentativas, erros e acertos, sem termos conseguido rastrear exatamente como cada substância age no cérebro humano e qual a sua relação com nosso humor. A famosa serotonina, por exemplo, não está em falta nem em excesso no cérebro da maior parte dos deprimidos,[4] porém remédios que afetam a disponibilidade de serotonina às vezes melhoram o humor.

E muitos psiquiatras não contam porque é mais simples alimentar ilusões do que revelar que os tratamentos psiquiátricos com remédios são muito limitados.[5] Não existem pílulas que tragam felicidade ou que resolvam em definitivo sintomas de ansiedade. Tampouco as anfetaminas vendidas na farmácia garantem a continuidade da alta produção se o sujeito dorme só três horas por dia depois de trabalhar dezesseis horas ininterruptas. Em algum momento, será preciso descansar, e, se o descanso não for possível, o fator que nos impede de descansar é o problema, e não o cérebro que pede para dormir. Esbarrar em limites é inevitável. Para sobreviver à angústia que acompanha nossas limitações será preciso aprender a conviver com ela, porque uma coisa é certa: nossas angústias não vão desaparecer. Nós, seres humanos, somos seres angustiados.

E meu desejo com este livro é contribuir para que as pessoas encontrem formas sustentáveis de lidar com a angústia e o sofrimento. Para isso, ao longo das próximas páginas, pretendo mostrar a realidade do estudo do comportamento humano, do cérebro, das emoções e do tratamento do sofrimento mental, desmentindo promessas exageradas e sugerindo os caminhos possíveis para conviver melhor com as mazelas da existência, de modo que seja possível criar condições para desfrutar dos pequenos momentos de alegria que a vida sempre pode oferecer. Este livro é uma jornada para entender os mitos, as ilusões, as fabricações, as cortinas de fumaça que envolvem as neurociências e a psiquiatria, além de uma proposta de desmistificar o discurso que fez com que acreditássemos que o nosso cérebro é o culpado pela nossa infelicidade.

Mas antes de começar, um aviso técnico: apesar deste livro tratar de psiquiatria e não de um diagnóstico psiquiátrico específico, os sintomas de depressão e ansiedade vão ser mais abordados ao longo do texto do que sintomas psicóticos ou de outros tipos. Igualmente, para que este não se tornasse um projeto interminável, grande parte do levantamento histórico ficou restrita ao surgimento dos tratamentos antidepressivos. É importante lembrar que as histórias acerca da depressão e dos antidepressivos não resumem a psiquiatria, mas conhecê-las nos ajuda a entender os rumos que os psiquiatras têm tomado, servindo como um interessante ponto de partida para as nossas reflexões.

PARTE 1

A ciência dos remédios

A culpa é do cérebro?

> *Quando um psiquiatra de orientação biológica fala da depressão de maneira semelhante àquela que um cardiologista fala de uma doença cardíaca, produz-se um distanciamento subjetivo da doença, uma dessubjetivação. O indivíduo tem esquizofrenia, ou transtorno bipolar, em vez de ser deprimido, esquizofrênico e/ou psicótico. Assim como o indivíduo pensa que tem uma doença cardíaca e não que ele é essa doença, no caso das doenças mentais, a depressão ou a psicose aparecem escritas no corpo — e mais especificamente no cérebro.*
>
> Francisco Ortega[1]

No meio da sala há um palco quadrado. Ao redor, quatro ou cinco fileiras de cadeiras confortáveis ocupadas por pequenos grupos animados e alguns espectadores isolados. O desnível suave permite que o centro seja visível para toda a plateia. Além disso, para que nenhum ângulo seja perdido, telões de cinema estão posicionados em todas as direções. A iluminação é eficiente em destacar o palco e esconder o restante. Há uma música ambiente bem baixa. Em geral, salas de hotéis são frias demais e fazem com que eu me arrependa de não carregar uma manta para aquecer meus pés gelados. Não é o caso dessa vez. A temperatura ambiente está em confortáveis 23 graus, apesar do calor escaldante lá fora. A sensação de conforto aumenta por conta de gotículas de água com cheiro de lavanda esguichadas em intervalos regulares por aromatizadores. Não menos importante, cafezinhos são servidos em xícaras de porcelana e água com rodelas de laranja-baía, em taças de cristal.

É um evento da indústria farmacêutica organizado como um teatro de arena suntuoso. Algo raro em tempos de vacas magras. Estamos em 2019, cerca de um ano antes do isolamento em decorrência da pandemia de covid-19, e as verbas para o desenvolvimento de novas medicações psiquiátricas andam contidas.[2] Nesse evento, no entanto, o clima é de comemoração. Os organizadores parecem deslumbrados porque encontraram um remédio que promete libertar pessoas de suas aflições em questão de horas. Eles acreditam que em alguns meses o sonho buscado desde o tempo da invenção dos primeiros calmantes se tornará realidade. Para tamanha realização, todo o glamour está justificado.

Mas antes, é preciso exibir a ciência. Um apresentador-celebridade adentra o palco e, com voz simpática, anuncia a primeira atração da manhã: um dos psiquiatras mais respeitados do país, representante de uma instituição médica tradicional.

A apresentação começa. Imagens de cérebros são projetadas, acompanhadas de uma narrativa um pouco tendenciosa.[3] Resultados controversos são apresentados como definitivos. Relações marginais são discutidas como explicações causais.

Vejo algum exagero no que é mostrado, mas entendo o espetáculo. Cientistas sérios fazendo divulgação científica são chatérrimos para qualquer público que não seja composto também de cientistas. A ciência bruta não é uma boa vendedora de si mesma, porque está repleta de respostas do tipo: "sim e não", "não agora, talvez um dia", "essa é apenas uma das interpretações possíveis", "é cedo para dizer". Mas o que mais se diz, e que é particularmente irritante para quem busca respostas simples, é o bom e velho: "não é possível concluir, precisamos de mais estudos".

Cientistas assim são o terror do marketing, que prefere apresentar certezas a discorrer sobre a hesitação que sustenta o mundo da ciência. Afinal, sem resultados certeiros e impactantes, não há marketing possível. Como anunciar que um remédio talvez ajude um pouco e esperar que alguém vá se empolgar e comprá-lo? Ou dizer que o tratamento não ajuda quase nada, mas como a doença é uma desgraça, qualquer ajuda ínfima acaba sendo bem-vinda?

Por isso, em eventos da indústria é comum que os resultados sejam selecionados. Eles são reais, no sentido de que de fato foram descritos em estudos científicos publicados em revistas importantes. Apenas não se menciona que existem outros achados contraditórios e se escolhe a melhor forma de apresentar os números. Não são números falsos nem maquiados, são apenas números no seu formato mais impactante. Isso acontece o tempo todo fora da indústria também. Como quando, por exemplo, escolhemos falar no total de mortes e não no total relativo (à população) de mortes, ou quando calculamos mortes por minuto ou por segundo. "A cada minuto morre uma vítima de..." é muito mais forte do que "quatro mortes a cada 100 mil habitantes".

Os números não estão errados, são esses mesmos. Essa forma como as imagens do cérebro aparecem denunciam as intenções. E isso não tem como ser de outro jeito, já que toda vez que apresentamos os números queremos dizer algo com eles. Os números aparecem nus e crus apenas nos resultados dos artigos publicados em revistas científicas, que ninguém que não é da área tem facilidade de entender.

Nesse exemplo do evento, são as imagens coloridas do cérebro que foram selecionadas. As imagens que melhor demonstram o contraste entre pessoas que recebem um tratamento ou outro são projetadas para que o público conclua qual tratamento é mais seguro. E não é difícil definir o campeão depois que foram excluídos todos os casos inconclusivos.

Mas, quando tudo parece correr de forma totalmente previsível, escuto a sequência de frases que quase me faz cair da cadeira: "Nós, psiquiatras, precisamos estar preparados. Em breve saberemos quais são as causas cerebrais de todas as doenças psiquiátricas. Quando isso acontecer, não será mais possível nos diferenciar da neurologia. Nossa profissão vai desaparecer".

Aqui vale fazer uma pausa para dimensionar o impacto da afirmação.

A neurologia é a especialidade médica direcionada às doenças do sistema nervoso, que inclui o cérebro e todas as suas conexões. Já a psiquiatria é uma especialidade voltada para o comportamento e o sofrimento humanos.

Para funcionar bem, o sistema nervoso precisa estar inteiro, recebendo nutrientes e oxigênio, e devidamente conectado com o restante do corpo. As doenças neurológicas se dão quando os neurônios morrem, o suprimento de energia está comprometido, as conexões entre os neurônios ou com o restante do corpo se rompem ou apresentam problemas. O estrago é, na maior parte das vezes, físico, visível ou quantificável. Nos exames de imagem, há manchas ou buracos que não deveriam estar lá. Nos exames de sangue ou do líquor — o líquido que circunda o cérebro —, há números que estão aquém ou além dos limites esperados. Ou seja, as doenças neurológicas são, necessariamente, padecimentos do cérebro, da medula ou dos nervos. São acidentes vasculares cerebrais, epilepsia, vasculites, meningites, encefalites, doenças degenerativas, como as demências, a esclerose múltipla, as neurites etc. Independente da cultura, da história de vida ou do contexto social, as lesões do sistema nervoso têm consequências previsíveis e, de certa forma, semelhantes em todos que forem acometidos por elas.

Já no caso de transtornos psiquiátricos, as falhas biológicas não precisam ser visíveis nem conhecidas, os neurônios não precisam ter morrido e, até onde conseguimos enxergar, tudo pode estar devidamente conectado e funcionando conforme o esperado. Os resultados dos exames de imagem ou de sangue podem estar todos dentro dos parâmetros desejados.

Além disso, de forma diferente do que ocorre na neurologia ou mesmo em outras especialidades médicas, no caso dos transtornos psiquiátricos, a história e o contexto do paciente têm implicação fundamental para compreendermos a manifestação dos sintomas. Para avaliar, por exemplo, se manifestações de tristeza são sinais de depressão, é preciso conhecer os desencadeantes e as repercussões dessas manifestações. Alguém que tem crises de choro durante um processo de luto não está patologicamente deprimido. Mas se essa mesma pessoa estiver há dias sem comer, é preciso cuidar desse comportamento, mesmo que seja perfeitamente compreensível estar se sentindo inapetente depois de uma perda extraordinária.

Do mesmo modo, para avaliar se uma crença é um fenômeno social ou um sintoma de um transtorno mental, é preciso investigar se ela é compartilhada dentro do contexto familiar, religioso ou no grupo de aplicativo de mensagens, ou se é um pensamento isolado, que não se conecta com a estrutura social na qual um paciente transita. O conteúdo da crença em si não é suficiente para determinar um diagnóstico. Alguém que acredita ouvir vozes de espíritos não é necessariamente alguém que tem um transtorno psiquiátrico, pois pessoas que seguem a doutrina espírita muitas vezes ouvem vozes e entendem isso como uma manifestação normal da interação com o que elas chamam de plano espiritual. Do mesmo modo, pessoas que acreditam que as eleições foram fraudadas porque receberam dossiês de supostas figuras públicas compartilhados no grupo da família não estão necessariamente psicóticas.

A neurologia não é a mesma coisa que a psiquiatria, como desejou o colega, mas cabe lembrar que a distinção entre manifestações neurológicas e psiquiátricas não é absoluta. Podem existir componentes biológicos que ajudam a explicar transtornos mentais, e componentes emocionais e socioculturais que interajam com as manifestações das doenças neurológicas. Nessas situações em que tanto a biologia quanto a psicologia estão comprometidas, as perspectivas de neurologistas e psiquiatras são diferentes e, muitas vezes, complementares. Enquanto os neurologistas estão preocupados em consertar o que estiver funcionando mal no sistema nervoso, os psiquiatras estão preocupados em ajudar os pacientes na sua relação com o que sentem e como interagem.

A fala do colega que deseja se equiparar aos neurologistas, no entanto, não deixa de ser um sintoma de uma longa história na qual a psiquiatria era vista como uma especialidade médica atrasada. Vale dizer que essa crise existencial não é de hoje. A psiquiatria foi, por muito tempo, entendida como uma especialidade alheia aos avanços tecnológicos que revolucionaram outras especialidades médicas.

De fato, mesmo depois de muita inovação em testes diagnósticos, ainda não é possível confirmar se alguém está deprimido ou ansioso por um exame de sangue. São exclusivamente as impressões clínicas e o discurso dos que padecem que fornecem as chaves para o diagnóstico psiquiátrico.

Enquanto isso, neurologistas, reumatologistas, oncologistas e cirurgiões podem fazer uso de procedimentos ultrassofisticados. Cada vez mais são desenvolvidos tratamentos personalizados que, a partir de exames analisados fora do país, resultam em compostos que custam centenas de milhares de reais e que revertem quadros antes intratáveis. São procedimentos assim que alimentam o poder da medicina além dos limites do que antes se achava possível. E a psiquiatria algumas vezes é vista como atrasada por não ter sido contemplada por nenhuma revolução terapêutica dessa natureza.[4]

Afinal, nós, psiquiatras, continuamos aqui, tendo à mão um punhado de remédios já antigos. Aliás, adoramos uma velharia. Ainda usamos lítio, eletrochoque, psicoterapia. Tudo tão "século passado" na visão dos entusiastas dos avanços tecnológicos...

Por outro lado, é para os psiquiatras e psicoterapeutas de diversas formações e linhas de atendimento que as pessoas contam suas vidas em detalhes. Sabemos como é cada família, de onde vieram, por que vieram, como chegaram até aqui. O que o transtorno significa, como a doença modificou determinada vida. Sabemos se alguém sofre por um coração partido ou por uma decepção profissional. Se isso ressoa em algum recôndito escondido da história. Se o paciente se sente uma fraude ou se finge ser forte para esconder suas vulnerabilidades.

E para tanto é preciso estar disponível para escutar.

Porque a psiquiatria não se resume a listas de sintomas. Se fosse assim, poderíamos muito bem já ter sido substituídos por computadores, e o nosso trabalho seria o mais banal da medicina. Temos combinações de sintomas que indicam perfis de transtornos e possíveis famílias de remédios para tratá-los. Famílias essas que são só cinco: antipsicóticos; antidepressivos; estabilizadores de humor; calmantes e hipnóticos; e estimulantes. É verdade que antidepressivo não é só antidepressão. O nome de cada uma dessas cinco classes é baseado na primeira indicação psiquiátrica com a qual cada substância foi associada. Antidepressivos, por exemplo, foram liberados, inicialmente, para o tratamento de episódios depressivos, mas hoje também tratam transtorno de pânico, transtorno obsessivo-compulsivo, disforia pré-menstrual, entre outros. Muitos remédios psiquiátricos liberados para uma indicação específica vão sendo associados ao tratamento de outras doenças conforme a sugestão de novas associações possíveis a partir da experiência clínica. Na maior parte dos casos, no entanto, não precisamos de grandes considerações teóricas ou exames sofisticados para determinar qual será nossa conduta em relação aos remédios. Em alguns casos, não precisamos de mais que dez minutos para saber qual remédio indicar.

No entanto, não conheço casos de tratamentos psiquiátricos eficazes baseados em consultas de dez minutos. Nenhuma consulta é igual a outra, toda história é singular. Eventualmente, temos que encaixar a singularidade do paciente no que conhecemos sobre o efeito dos remédios na população, mas isso, apesar de importante, não é o grosso do nosso trabalho. Ninguém vai tomar remédio para a cabeça se não confiar em quem prescreve; e se tornar confiável é muito mais desafiador do que decorar protocolos de tratamento. Modos de se tornar confiável não estão descritos, inclusive, em nenhum manual.

Para além de se tornar confiável, o ato da escuta tem um papel terapêutico que o remédio não pode substituir. O maior objetivo de uma consulta não é descobrir o que prescrever, é escutar. Escutar, deixando claro que estamos ali, nos esforçando para entender. Com isso, e com algumas perguntas pontuais, ajudamos quem nos procura a encadear a própria história, a se dar conta de que isso parece com aquilo e que o medo tem a ver com aquela outra coisa. Precisamos saber o que se espera e o que se teme, deixando claro que não vendemos milagres. Nem venenos. A meu ver, essa escuta, que permite ao paciente entender melhor o contexto dos seus sintomas, é tão importante para o sucesso do tratamento quanto a medicação — se não for mais.

Certa vez, fui procurada por um rapaz jovem, que havia sido diagnosticado com transtorno de pânico depois de ter ido parar no pronto-socorro jurando estar sofrendo um ataque cardíaco. Seu coração e sua saúde física, no entanto, estavam ótimos. No auge da carreira, tendo alcançado reconhecimento profissional e estabilidade financeira, fora tomado de intenso pavor e, sem entender por que, sentiu uma forte pressão no peito acompanhada de falta de ar e tontura; então concluiu que isso só poderia significar uma doença muito grave, possivelmente letal.

Esse medo sem desencadeantes físicos ou emocionais evidentes é o que a psiquiatria convencionou chamar de ataque de pânico. Para quem sofre desse mal, a impressão é que os ataques vêm "do nada". Não reconhecer imediatamente o desencadeante, no entanto, não significa que ele não exista, que não haja um gatilho. O trabalho de psiquiatras inclui tentar desvendar os desencadeantes.[5]

Mas isso não era o que esse paciente tinha imaginado a partir da sua busca na internet por uma explicação. Havia chegado a ele a informação de que o coração poderia estar assim por conta do transtorno de pânico, uma doença da cabeça, e que era preciso ir ao psiquiatra e relatar seus sintomas para receber um remédio que resolveria o problema. Foi com essa expectativa que ele chegou ao meu consultório. Em dez minutos ele me contou os seus sintomas e ficou me olhando, aguardando ansiosamente por uma prescrição. No entanto, eu lhe pedi para me contar um pouco sobre sua vida. Ele estranhou a pergunta. Eu não queria mesmo saber o resultado dos seus exames ou qual era a sua frequência cardíaca?

Insisti que era importante que ele me contasse um pouco de sua história e o que estava se passando em sua vida. Aos poucos ele foi revelando ter crescido numa família em que a precariedade financeira e a insegurança emocional eram constantes, e que a partir dessa experiência havia acreditado que o sucesso material resolveria todos os seus problemas afetivos. Ele vinha tentando superar o drama familiar por meio dos estudos, do trabalho árduo e de inúmeros sacrifícios pessoais. Conforme relatava, ele se dava conta de que tinha criado a fantasia de que, alcançando a segurança financeira e profissional, "tudo" estaria resolvido. Mas, chegando lá, ele não encontrou as soluções que imaginara. Pelo contrário, realizar seus sonhos o pôs frente a frente com seus maiores medos: tudo que ele havia conquistado poderia ser perdido.

Mas essa história que parecia ser lugar-comum tinha algo de peculiar. Perto do final da consulta percebi que ele me contou sobre a mãe, a irmã, o chefe, colegas de trabalho etc., mas nada sobre o pai. Perguntei então diretamente a respeito desse personagem ausente. O pai havia abandonado a família quando ele era adolescente, o que foi um alívio, dada sua violência quando intoxicado pelo álcool e sua inépcia financeira, que sempre deixava as contas domésticas à beira do colapso. Uma semana antes do primeiro ataque de pânico, o pai desse paciente reapareceu na vida dele. Simplesmente ressurgiu, pedindo dinheiro emprestado.

O paciente havia acatado o pedido do pai e, mesmo assim, se sentia profundamente culpado por ter conseguido uma vida melhor que a daquele homem que o apresentou ao mundo. Desde o retorno do pai, vinha se sentindo esquisito, e foi a piora dessa sensação que ele associou ao primeiro ataque de pânico. A relação temporal era inegável, havíamos encontrado o gatilho. Esse rapaz não precisou de remédio para as crises: ele concluiu que não estava à beira da morte e que a melhor coisa a fazer era lidar com os fantasmas do passado.

É claro que esse é um caso raro, no qual uma única consulta consegue produzir um efeito terapêutico. Na maior parte das vezes, precisamos de muito mais tempo, e abdicar do remédio não é sempre uma opção. Pode até ser que esse mesmo paciente retorne pedindo pela medicação em algum momento, e dessa vez talvez caiba de fato incluí-la, pois crises de pânico muito frequentes podem deixar a pessoa num estado tal que ela sequer consegue refletir a respeito da própria vida.

O que essa situação ilustra, no entanto, é o quanto a consulta psiquiátrica vai além do cérebro, e o quanto é prejudicial para o tratamento do sofrimento humano perder a escuta como ferramenta de trabalho. Enxergar pacientes como listas de sintomas que devem ser encaixadas em alguma síndrome que nos indique qual o remédio adequado é não só raso, mas também brutal. É operacionalizar algo que não é da ordem prática, é transformar médicos em técnicos e pacientes em cérebros ambulantes. É entender nosso sofrimento como um simples problema de engrenagem que precisa de um pouco de óleo para voltar a funcionar.

Essa forma de conceber os sintomas emocionais que acusa a estrutura ou o funcionamento do cérebro de ser o único responsável é partilhada por algumas das linhas atuais da psiquiatria, mais biologizantes. Elas alimentam essa expectativa com a qual esse rapaz me procurou, de apaziguar por completo estados de humor difíceis exclusivamente por meio de substâncias químicas ou manipulações cerebrais, do mesmo modo que se aplica insulina para um diabético ou se usam eletrodos para controlar os tremores da doença de Parkinson. Acreditam que se se restringirem ao estudo da bioquímica e da fisiologia do cérebro, encontrarão remédios e equipamentos para sanar o medo excessivo, a angústia, a tristeza fora de lugar e outros sentimentos desagradáveis que parecem não ter sentido.

Para esses psiquiatras, tais alternativas terapêuticas ainda não existem apenas porque ainda não atingimos a compreensão completa do funcionamento cerebral. Eles sonham em poder culpar as células que compõem o cérebro pelo nosso mau comportamento; afinal, elas devem ter defeitos se alguma coisa está errada. Acham que, se existe um desequilíbrio de humor, ele só pode ser explicado por algum desequilíbrio químico, sem qualquer relação com o que se passa ao redor. E se há um desequilíbrio químico, ele pode ser consertado. De acordo com essa perspectiva, o incômodo exagerado irá desaparecer, dando lugar a uma vida plena de realizações. No extremo dessa linha de pensamento, se estamos infelizes, a culpa é exclusivamente do nosso cérebro, que seria uma entidade independente, separada de nós mesmos. Como se fosse essa maldita natureza imperfeita que nos torna seres tão limitados — portanto, precisamos aprimorá-la ou acabar com ela.

Mas esse é um desejo inalcançável. Há casos de síndrome do pânico, por exemplo, em que os remédios eliminam as crises, o paciente sente-se bem de início, mas continua carregando um desespero pela possibilidade de ter uma doença grave, ou então permanece uma sensação de que qualquer perda seria insuportável. Será que o problema está na ineficácia do remédio inicial ou será que há uma experiência humana pedindo para ser escutada e elaborada (e que, independentemente da ação dos remédios, sempre irá migrar para outro tipo de sintoma)? Uma experiência como a perda de um ente querido, a consciência da finitude, ou então a percepção de limites antes ignorados, o retorno de memórias difíceis que haviam sido recalcadas, ou ainda a sensação de desamparo diante do imprevisível... Experiências que historicamente permitiram que os seres humanos evoluíssem e motivaram as civilizações a erigirem deuses, templos, práticas de autoconhecimento, rituais mágicos, canções líricas, meios de comunicação com os mortos, epopeias, romances, tragédias, comédias...

Será que encontraremos genes que codificam proteínas defeituosas para explicar o nosso mau humor? Ou células desorganizadas que se mostrarão a razão dos nossos problemas de interação social? Ou neurotransmissores em falta — ou em excesso — que irão justificar nossos momentos de tristeza, desânimo ou euforia? E mesmo que esse sonho seja alcançado, será que é um sonho que realmente queremos sonhar, ou será que ele pode se converter num pesadelo?

Aqueles que seguem essa corrente biologizante, como o colega cuja apresentação na conferência da indústria farmacêutica comentei, acreditam que um dia seremos capazes de manipular o cérebro de modo a eliminar por completo nossas reações emocionais traumáticas, como aquelas desencadeadas em situações de conflito, o que levaria a nossa capacidade de resiliência ao extremo. Será que ainda poderemos chamar de humanos seres tão fortes quanto indiferentes? E será que essa é uma forma de experienciar a vida que nos parece boa e desejável? E ainda: para que concentrar nossos esforços nesse tipo terminal de redução de danos e não em um encaminhamento diferente dos problemas, que, por exemplo, evite as guerras? De modo análogo, será que vale a pena concentrar todos os nossos esforços no estudo da fisiologia cerebral, esperando dela tudo ou nada, ou podemos pensar em outros aspectos que contribuam para o aparecimento do sofrimento psíquico em formatos de sintomas tão graves e incapacitantes?

Por essas questões, muitos psiquiatras clínicos não aderem às posições biologizantes e entendem os sintomas emocionais a partir da perspectiva de que eles não dependem exclusivamente do funcionamento químico do cérebro, mas também da cultura e da sociedade em que nos inserimos, da nossa história de vida e de nossas relações pessoais — e de mais um punhado de desconhecido e imponderável.

De acordo com essa concepção defendida aqui, as intervenções químicas, físicas ou cirúrgicas não são a solução universal, apesar de serem ferramentas para amenizar estados extremos e auxiliar as pessoas a encontrar novas situações de vida possíveis, mesmo que para isso precisem batalhar por elas. De certo ponto de vista, essa é certamente uma saída menos tentadora do que a opção biologizante, pois diminui o poder atribuído às intervenções médicas e implica as pessoas adoecidas na própria melhora. No entanto, essa é uma forma de garantir o lugar de sujeito singular para as pessoas que sofrem com sintomas emocionais, que, em última instância, podem ser qualquer um de nós. Imagino que a maioria de nós prefira ser entendido como um sujeito com alguma agência sobre o próprio destino a um cérebro ambulante que tem todos os comportamentos e sentimentos determinados biologicamente.

E posso afirmar, até porque tenho intimidade com as neurociências, que, mesmo com toda a sofisticação dos métodos de investigação biológica, os elementos mais relevantes para a nossa prática clínica continuam sendo as histórias que as pessoas nos contam. Os acasos, os encontros e desencontros, as escolhas difíceis, a vida como ela é. Embora em algum momento futuro (talvez distante) o estudo do cérebro vá avançar a ponto de desenvolvermos intervenções mais sofisticadas e eficazes que os remédios atuais, o cérebro, mesmo lá na frente, vai ser só uma parte do problema, e não tudo o que determina a existência de doenças mentais.

Saber que o hipocampo se ativa quando você aprende, ou que sua amígdala brilha quando você toma um choque, ou que seu córtex frontal consome mais oxigênio quando você é testado não muda em nada o tratamento que você vai receber. Mas se soubermos que você teme enlouquecer porque isso ronda a sua família, ou que você não dorme porque o telefone pode tocar a qualquer momento, ou que você acredita guardar o pior dos segredos, ou que se arrepende das suas escolhas, aí sim vamos saber por onde começar.

Se um colega psiquiatra respeitado e influente dissemina essa visão biologizante, é preciso fazer circular ainda mais a informação de que continua existindo espaço para falar e escutar, para contar histórias, para estabelecer conexões. O cérebro é, sem dúvida, incrível. Mas ninguém vai saber o que te deprime olhando seus neurônios. Um computador não vai se solidarizar com o azar que você teve nos últimos anos.

Os neurologistas continuarão sendo importantes no tratamento de doenças neurológicas e os psiquiatras seguirão cuidando dos transtornos mentais. Muitas vezes, o tratamento psiquiátrico não vai ter nada a ver com remédios. Nem sempre eles serão essenciais. Quando o sofrimento for muito agudo, os remédios vão ser bons coadjuvantes, mas não os protagonistas. Atuações mais diretas no cérebro, como colocar eletrodos dentro da cabeça ou romper conexões entre neurônios por meio de neurocirurgias, vão continuar sendo a última alternativa.

Mas, afinal, se os transtornos psiquiátricos não são, necessariamente, doenças do cérebro, o que mais eles podem ser?

Pelo fim do estigma da preguiça

> *O que é um sintoma, sem contexto ou um pano de fundo? O que é uma complicação, separada daquilo que ela complica? Quando classificamos como patológico um sintoma ou um mecanismo funcional isolados, esquecemos que aquilo que os torna patológicos é sua relação de inserção na totalidade indivisível de um comportamento individual.*
>
> Georges Canguilhem[1]

Em dezembro de 2016, Suzana Herculano-Houzel, uma neurocientista brasileira internacionalmente reconhecida por ter calculado que nosso cérebro possui cerca de 86 bilhões de neurônios,[2] escreveu uma coluna na *Folha de S.Paulo* defendendo a ideia de que era importante encarar a depressão como doença.[3]

Para fortalecer seu argumento, Herculano-Houzel escolheu uma expressão poética de cunho biológico para descrever a depressão e a apresentou como "a perda do sopro dopaminérgico da alma". Dopaminérgico vem de dopamina, que é um neurotransmissor, uma das moléculas que ajuda os neurônios a conversarem entre si. Para a neurocientista, defender que a depressão é uma doença requeria que um problema biológico fosse associado aos sintomas depressivos, e a dopamina lhe pareceu o melhor candidato.

A relação entre depressão e dopamina defendida por ela foi sustentada como hipótese por artigos publicados em revistas científicas muito conceituadas, como a *Nature*.[4] Nesse ponto da ciência, já sabíamos que uma das mensagens que a dopamina transmite é o sinal de que algo bom pode acontecer se nos mexermos e trabalharmos para alcançar a recompensa — pelo menos assim se demonstrou com cobaias em testes de laboratório. Uma técnica muito sofisticada havia permitido ligar e desligar neurônios específicos no cérebro de ratinhos e ajudado a detectar a conexão entre a ação da dopamina e a capacidade dos bichinhos de persistirem em certos comportamentos que aumentam a chance de sobrevivência. Se a ação da dopamina fosse bloqueada, o rato, muitas vezes, preferia não se mexer.

Os cientistas então aventaram a hipótese de que algum problema envolvendo a dopamina poderia ser uma das causas do desânimo e da sensação que os deprimidos relatam de que não veem sentido em levantar da cama. Essa associação entre o desânimo humano e o bloqueio da dita-cuja, a dopamina animal, seduziu alguns neurocientistas, sem, no entanto, ter explicado de modo satisfatório a depressão. O que as pesquisas demonstram é que a dopamina não está necessariamente em falta nos quadros de depressão, nem o seu aumento é o responsável pela melhora dos sintomas dos deprimidos.[5] E podem até existir algumas diferenças entre os receptores de dopamina de deprimidos e não deprimidos, mas isso está longe de explicar todos os casos de depressão. A grande maioria dos pacientes não tem um desvio significativo na atividade dos receptores.

Ou seja, não encontramos os marcadores biológicos característicos da depressão, como a disfunção da insulina, no caso do diabetes, ou o entupimento das veias coronárias, no caso do infarto. Não existem exames de sangue ou imagens do cérebro que revelem anomalias, nem traçados típicos ou atípicos de eletroencefalograma. Tampouco existem respostas válidas e certeiras em questionários preenchidos na sala de espera. E o mecanismo de ação dos tratamentos químicos que descobrimos experimentalmente ainda não foi desvendado. Também não se isolou o que está errado no cérebro daqueles que se deprimem. Até porque pode simplesmente não haver nada de errado acontecendo, pode ser só o cérebro fazendo aquilo que o cérebro faz...

Na falta de marcadores biológicos concretos, nós, psiquiatras, trabalhamos com um conceito arbitrário de depressão, baseado em elementos relatados pelas pessoas que nos procuram e observados no comportamento delas. Mas não existem dois deprimidos iguais. Uns engordam, enquanto outros emagrecem. Alguns dormem demais, enquanto outros não pregam os olhos. Alguns reconhecem que os sintomas começaram depois de uma perda significativa, ao mesmo tempo que outros garantem que começaram a se sentir mal "do nada". Muitos nem conseguem reconhecer que estão tristes e vivem todo o mal-estar como um sintoma puramente físico, como cansaço pelo excesso de pressão no trabalho ou como falta de vitaminas. Vários falam de uma sensação de vazio, mas nem todos. Alguns disfarçam os sintomas se dedicando a uma atividade até a exaustão e chegam a parecer hiperprodutivos, enquanto outros contam que tarefas antes simples, como tomar banho ou fazer o café, passam a lhes parecer extenuantes. Mesmo as impressões e as histórias que usamos para estabelecer o diagnóstico de depressão não são uniformes.

Dois psiquiatras bem treinados podem avaliar o mesmo paciente e chegar a conclusões diferentes se ele está ou não deprimido, e isso ocorre com mais frequência do que se poderia imaginar: segundo o teste de campo[6] de um dos nossos mais recentes manuais diagnósticos, o DSM-5, um catálogo que agrupa sintomas psiquiátricos e os enquadra em classificações diagnósticas consensuais entre os profissionais do meio, na melhor das hipóteses, os psiquiatras discordam 85% das vezes e concordam em apenas 15% sobre o diagnóstico de depressão.[7] Em setenta anos de pesquisas, esse foi o melhor número que conseguimos alcançar. Com muito trabalho árduo.

Nesse contexto, por que alguém tão bem informado quanto Suzana Herculano-Houzel se apegaria a uma hipótese reducionista como a da dopamina? Suspeito que seja porque, diante de tantos casos de depressão que nos circundam, é preciso evitar o estigma de que deprimidos são preguiçosos, fracos ou mimados. A complexidade da depressão pode fazer parecer que tudo é uma grande bobagem, que ela nem existe e que no fundo é tudo frescura. Que não passa de uma invenção. De fato, é preciso deixar claro que se sentir deprimido é algo que não pode ser evitado ou controlado por força de vontade. Que depressão é uma coisa real, concreta e tratável. É, portanto, uma doença. Mas explicar que depressão é uma doença diferente de todas as outras soa tão contraintuitivo que, às vezes, parece melhor simplificar para evitar criar mais confusão.

A complicação é que a depressão é, ao mesmo tempo, uma doença e uma invenção. Chamá-la de doença permitiu que fossem desenvolvidos tratamentos médicos para os deprimidos. Afinal, se existem muitas pessoas que se queixam de um mal-estar, é uma boa notícia que elas possam contar com ajuda médica. Porém, a depressão é inventada à medida que seu significado e seu valor mudam de acordo com a época, o contexto social, o grau do avanço científico, as interpretações da cultura e o olhar que as pessoas que padecem têm sobre ela. Depressão já foi excesso de bile negra, mau-olhado, possessão demoníaca e falta de umidade. Já foi, e ainda é, motivo para consultar o oráculo, as musas, as sacerdotisas, o padre ou o pastor, ou para mudar para uma cidade litorânea. Depressão um dia não foi e ainda hoje nem sempre é um problema médico. Depressão é, no fundo, o que desejamos que ela seja, mas não só isso. Há quem puxe a sardinha para o modelo médico e a chame de doença, mas também há quem prefira chamar de saudade, quebranto ou preguiça.

E aqui vale dar mais uma volta no parafuso da discussão. Ao contrário do que muitos pensam, as doenças não são definidas exclusivamente a partir dos fatos biológicos objetivos que as explicam.[8] O médico e filósofo francês Georges Canguilhem, na sua tese de doutorado de 1943, que mais tarde foi publicada em livro como *O normal e o patológico*, foi um dos pensadores que nos alertaram sobre as tênues fronteiras que delimitam o que chamamos de doença. Canguilhem, com sua experiência médica unida a investigações filosóficas, concluiu que a ideia de doença nasce das experiências do homem comum e só depois passa a ser definida por formulações médicas. As doenças surgem do doente quando ele avalia sua situação como limitante. Ou seja, suficientemente afastada do "normal" que é o saudável. Foram as queixas e os sintomas dos doentes que tornaram a medicina uma invenção necessária, não o contrário.

Logo, do ponto de vista histórico, não foi a ciência médica que construiu a base do que pode ou não ser considerado patológico, foi o sofrimento do paciente. A definição de patológico, inclusive, depende da noção de ser individual. Isso porque é o ser individual que põe em jogo as normas biológicas que o definem. Por exemplo, uma pessoa com estrabismo pode se considerar absolutamente normal vivendo do trabalho no campo, para o qual a perda da capacidade de enxergar a profundidade não é criticamente relevante. Essa mesma condição pode ser uma doença grave se a pessoa trabalhar como piloto de avião, atividade que requer a capacidade de reconhecer a distância entre objetos. Em última instância, portanto, a doença é aquilo que nos faz sofrer com uma limitação em uma determinada condição ou que nos leva à morte. A teoria biológica de que é preciso haver um mau funcionamento de alguma estrutura do corpo e a intervenção médica vêm depois, como iniciativas externas capazes de modificar ou não o rumo natural das doenças.

Dito isso, na sua coluna na *Folha de S.Paulo*, a colega Herculano-Houzel marca a depressão como doença pois acredita que a depressão-doença passa a determinar um tratamento com remédios, algo que para ela é um recurso valioso que não deve ser desperdiçado em prol de concepções não médicas e eventualmente preconceituosas do que é depressão. Nesse ponto, a neurocientista tem razão. Essa iniciativa de desestigmatização é sem dúvida louvável. A preocupação vem do desejo de facilitar o acesso aos recursos que podem fazer as pessoas se sentirem melhor. Ela entende que não faz sentido sofrermos sozinhos, nos sentindo fracos e culpados, quando existem ferramentas — químicas ou de outra ordem — que nos permitem retomar a vida. Confundir depressão com preguiça pode nos levar a culpabilizar o doente. O entendimento da depressão como preguiça não pressupõe tratamento médico: requer intervenção moral; do mesmo modo que a depressão enquanto quebranto requer uma benzedeira, e não um psiquiatra. A depressão não é culpa dos deprimidos; eles precisam de ajuda, não de punição.

Todavia, apesar de bem-intencionada, a abordagem de Herculano-Houzel de associar depressão à falta de um sopro dopaminérgico tem o efeito colateral pouco evidente e um quê de lesivo ao sugerir que a depressão é um problema necessário e exclusivamente químico-cerebral, e que pode ser resolvido com facilidade por um tratamento dessa ordem, dando a entender que já sabemos muito sobre a relação entre a fisiologia desse órgão e a dita doença. Na esteira do discurso publicitário da indústria farmacêutica, esse modo de entender o transtorno constrói a ilusão de que, tomando um remédio, a depressão irá, invariavelmente, embora. De que toda depressão é parecida e pode ser tratada de forma semelhante. E de que, se não for entendida como um problema químico, ela não existe.

O erro que queremos desmistificar está não na tese, mas no argumento. Ao usar a teoria relacionada ao neurotransmissor dopamina, a neurocientista cai na necessidade da origem biológica da sensação de falta de vontade descrita pelos deprimidos. E, seguindo Canguilhem, não é preciso nenhuma dopamina para que a depressão seja uma doença potencialmente tratável. Ou seja, mesmo que algum dia consigamos comprovar que a depressão está relacionada a uma falta ou a um excesso de neurotransmissores ou de qualquer outro elemento biológico, a classificação da depressão como doença está assegurada enquanto ela puder se beneficiar de intervenções médicas, quaisquer que sejam elas.

Além disso, apesar de a categoria depressão-doença não depender exclusivamente de fatores biológicos, o que pensamos a respeito dela pode ainda mudar a partir de novos conhecimentos biológicos. A forma como fazemos hoje o diagnóstico de depressão jamais respeitará fronteiras biológicas, porque não são elementos biológicos que guiam o diagnóstico. Isso não impede, no entanto, que para alguns dentre aqueles que chamamos de depressivos existam causas cerebrais relevantes para a apresentação dos sintomas. É possível que, no futuro, existam mais subtipos de depressão e que alguns desses subgrupos sejam associados aos tais marcadores biológicos. Mas, certamente, isso não explicará todo o fenômeno depressivo e não estará presente em todos que chamamos, hoje, de depressivos.

Isso pode ocorrer pois mesmo as doenças que já foram devidamente apropriadas pela medicina e para as quais existem teorias biológicas vigentes são constantemente redefinidas e reclassificadas conforme o nosso conhecimento científico avança. Vejamos, por exemplo, o caso do diabetes.

Diabetes já foi tudo aquilo que aumenta a quantidade de urina produzida por dia. Antes de existirem intervenções médicas curativas, o diabetes, por caminhos desconhecidos, sabidamente levava à morte. Antes de conhecermos as causas do aumento da produção de urina, mas depois de observar os doentes e experimentar a urina deles (por mais anti-higiênico que isso possa parecer), o distúrbio foi separado em *mellitus* ([urina] doce) e *insipidus* ([urina] sem gosto). O *mellitus*, por sua vez, apresentava mais de um curso típico aos olhos dos médicos: podia aparecer em pessoas jovens e ter uma evolução galopante ou em pessoas mais velhas e ter uma evolução um pouco mais indolente. Para dar conta desses dois cenários diferentes de evolução, o diabetes *mellitus* foi então classificado em tipo 1 e tipo 2. A partir do momento que as intervenções médicas passaram a controlar a doença, o do tipo 2 passou a ser classificado como insulinodependente ou não insulinodependente, de acordo com o tipo de tratamento necessário para controlá-lo. Em paralelo a toda essa evolução do diabetes *mellitus*, quando descobrimos a origem do outro diabetes, o *insipidus*, este passou a ser chamado de secreção inapropriada de hormônio antidiurético, e, cabe dizer, biologicamente não tem nada a ver com o diabetes *mellitus*.

Então, o que chamamos de depressão é como o diabetes antes da descoberta de todos os seus mecanismos. É o nome de uma doença a partir do que conseguimos observar: os sintomas. Ou seja, na medicina, reconhecer uma determinada condição como doença não quer dizer que conhecemos de maneira pormenorizada sua origem biológica ou psicológica.

Mas é possível que para muitas pessoas essa perspectiva soe estranha, e mais ainda que não possamos culpar a dopamina pelos sintomas depressivos. Será mesmo que não podemos falar em mau funcionamento cerebral, já que os ratinhos sem dopamina prefeririam não se mexer?

Uma ciência de muitos candidatos, mas nenhum eleito

> *Ignorar, deixar de engajar-se no processo social de fazer científico e esperar apenas usar e abusar dos resultados do trabalho científico é algo irresponsável.*
>
> Donna Haraway[1]

Qualquer um que fizer uma pesquisa rápida em um mecanismo de busca sobre transtornos psiquiátricos ou navegar por artigos científicos sobre depressão, ansiedade e possíveis marcadores biológicos desses transtornos vai ficar no mínimo confuso com minha afirmação de que eles são doenças, mas não necessariamente do cérebro. Isso porque o primeiro resultado dirá "disfunção na atividade cerebral", e existem centenas de artigos descrevendo resultados que, num primeiro olhar, parecem contradizer o que foi dito até aqui. Há artigos que defendem a associação da depressão com o hormônio cortisol, com neurotransmissores como a serotonina e a dopamina, com uma molécula chamada fator neurotrófico derivado do cérebro, com a composição da microbiota intestinal, com determinadas moléculas que participam dos processos de defesa do organismo — conhecidas como citocinas inflamatórias —, com o perfil de lipídeos (gorduras) do sangue, com variações pontuais do código genético conhecidas como SNIPs, com a atividade de regiões do cérebro durante determinadas tarefas, com a força de conexão entre regiões do cérebro etc.

Apesar dessa vasta produção científica, é possível afirmar que não há marcadores biológicos relevantes para depressão ou ansiedade por quatro motivos: resultados não replicados em humanos; baixa confiabilidade dos resultados; falta de evidência de causalidade; e ausência de relevância clínica. Vejamos cada um deles em mais detalhes.

RESULTADOS NÃO REPLICADOS EM HUMANOS

O primeiro motivo diz respeito ao fato de que muitos dos resultados que encontramos em artigos científicos são de pesquisas em animais não humanos, e muitos desses achados nunca se confirmaram nos estudos em humanos.

A expressão "modelos animais" identifica modelos de fenômenos humanos estudados em animais não humanos. Existem modelos animais de infarto, câncer, Alzheimer, diabetes, insuficiência renal, septicemia etc., assim como toda sorte de modelos animais para transtornos mentais, como depressão, pânico, fobia social, estresse pós-traumático, esquizofrenia, entre outros.

Os modelos servem para entendermos os processos biológicos, ou seja, o que acontece no cérebro e no resto do corpo quando se tem uma determinada doença. Também ajudam na investigação das leis que regem determinados comportamentos e o efeito das substâncias sobre eles. O seu uso é essencial para o desenvolvimento de tratamentos extremamente relevantes para o controle de doenças humanas. Doenças como diabetes, infecções bacterianas e diversos tipos de câncer são tratadas com substâncias desenvolvidas a partir da observação dos seus efeitos nos modelos animais. E ainda hoje a identificação de novas substâncias com potencial efeito antidepressivo ou antipsicótico é feita a partir da observação da mudança no comportamento induzida por determinada substância em ratos e camundongos.

A característica que torna esses modelos úteis é que temos maior liberdade de experimentação em animais não humanos que em humanos. Muitos experimentos que não seriam viáveis ou aceitáveis em humanos podem ser realizados em cobaias de laboratório. Com os ratos e camundongos,[2] por exemplo, temos liberdade de injetar substâncias, implantar eletrodos, fatiar os órgãos, dar choques, separar a ninhada da mãe e até criar mutantes ou usar vírus para modificar neurônios e possibilitar que esses sejam ativados por meio de determinada faixa de luz.

Além disso, ratos e camundongos são mamíferos como nós e compartilham conosco alguns processos biológicos, como a capacidade de se reproduzir sexualmente, a necessidade de amamentar os filhotes, as reações de reconhecimento de perigo e esquiva, a necessidade de movimento e interação social, entre outros. Por isso, é possível traçar alguns paralelos entre o que ocorre com esses roedores e a nossa biologia ou comportamento.

Com a vantagem de o ciclo de vida dos roedores ser de cerca de um ano, podemos estudar o efeito, na vida adulta, de eventos ocorridos na "infância" do roedor em um intervalo de apenas alguns meses. Além disso, em poucos anos conseguimos reproduzir muitas ninhadas de ratos e camundongos e estudar os efeitos transgeracionais de eventos ocorridos com seus ancestrais.

Pode parecer estranho, mas, na maior parte do tempo, grupos de pesquisa que trabalham com modelos animais e grupos que realizam ensaios clínicos desenvolvem suas pesquisas de maneira independente, com pouco ou nenhum contato entre si. O estranho desse funcionamento é que, em última instância, o que interessa a todos os pesquisadores é contribuir para o tratamento de doenças humanas. Ninguém está preocupado com a saúde de ratos e camundongos.

Um argumento muito usado por grupos que se opõem radicalmente à experimentação em animais não humanos é que 90% das drogas que se mostram úteis e seguras nos animais acabam sendo descartadas depois dos testes em humanos. Apesar de ser uma estimativa provavelmente próxima à realidade,[3] o uso desse argumento para recusar os modelos animais é uma atitude que demonstra desconhecimento sobre como a ciência funciona. Não existe nada de extraordinário em só 10% de uma linha de pesquisa resultar em aplicações práticas. Em quase todos os campos do conhecimento, se produz muito mais do que se mostra útil. Além disso, a menor parte dessa falta de aplicação decorre de problemas na qualidade das pesquisas. A maior parte da dificuldade vem da nossa capacidade limitada de tecer previsões acertadas, o que é inerente ao processo científico.

Sem dúvida, vale questionarmos se não é possível aumentar o rigor em relação à qualidade dos estudos para que os ratos e camundongos não sejam sacrificados em vão. No entanto, é incerto que hoje seja viável abandonar todos os experimentos em modelos animais e passar a realizá-los diretamente em humanos mantendo a mesma velocidade de produção de conhecimento científico que viabiliza novos tratamentos para doenças graves e letais. Quanto a se seria possível substituir o uso de modelos animais por culturas de células ou organoides que imitem órgãos humanos em miniatura, o ideal seria que essa troca já fosse uma possibilidade concreta. Porém, por enquanto, ela ainda é um pensamento mágico. Os experimentos realizados em células ou organoides respondem a perguntas completamente diferentes do que aqueles realizados em animais. Seus usos podem ser complementares, mas, infelizmente, não são equivalentes.

Voltando ao nosso ponto principal, a informação mais importante é que boa parte do que observamos nos animais não humanos não se confirma em humanos; logo, não devemos nos deslumbrar com resultados advindos de modelos, mesmo que eles sejam um meio necessário no desenvolvimento de tratamentos para os humanos.

Dadas as suas limitações, os resultados observados em modelos animais são uma parte do caminho, mas não o destino final. No X (antigo Twitter), o espirituoso cientista James Heathers tem um perfil chamado @justsayinmice (que pode ser traduzido como "apenas mencione que é em camundongos"). Ele faz piada com releases de imprensa que deixam de mencionar que os resultados divulgados foram obtidos exclusivamente em animais não humanos, e que ainda não foram testados em humanos. Heathers defende, e eu concordo, que se for para fazer divulgação de resultados obtidos exclusivamente em modelos animais, é melhor já deixar isso claro no título. Comunicar o pequeno detalhe de que os testes foram feitos em animais não humanos só depois de apresentar o resultado é, no mínimo, desonesto e caça-cliques.

Logo, se os estudos sobre os supostos marcadores biológicos de depressão e ansiedade forem restritos a modelos animais, não se pode dizer que há marcadores relevantes de depressão e ansiedade em humanos. Por exemplo, não é possível assumir que a falta de dopamina que deixa os camundongos desmotivados indica que a depressão em humanos ocorre por falta de atividade da dopamina.

Mas não é só de limitações quanto às diferenças entre espécies que sofrem os achados científicos. Na sequência, veremos outros motivos pelos quais ainda não é possível extrapolar os resultados de estudos com marcadores biológicos para doenças mentais.

BAIXA CONFIABILIDADE DOS RESULTADOS

Em 2005, o médico epidemiologista e professor da Universidade Stanford John Ioannidis publicou na respeitada revista *PLoS Medicine* um artigo com o título provocativo "Why Most Published Research Findings Are False"[4] [Por que a maioria dos resultados de pesquisa é falsa], em que defendia que a maior parte dos estudos científicos publicados até então não havia sido realizada com as condições necessárias para que a aplicação de testes estatísticos fosse confiável, ou que as análises realizadas produziram resultados interpretados de forma tendenciosa por parte dos pesquisadores que conduziram os estudos.

O motivo da desconfiança de Ioannidis começa pela observação de que a maior parte dos estudos não tem o chamado poder estatístico adequado. Isso pode ocorrer principalmente por duas razões: a primeira pelo número muito baixo de participantes (menos de vinte participantes por grupo estudado, por exemplo), e a segunda por fazer comparações múltiplas não controladas.

Em um cenário em que há pouquíssimos participantes, se um deles se comportar de maneira muito extrema em comparação a todos os outros, o resultado médio de um dos grupos pode ser estatisticamente diferente dos demais, por conta desse único participante atípico, que talvez não represente nenhum fenômeno que se relacione de maneira verdadeira ao que está sendo testado.[5] Conforme o número de participantes aumenta, os efeitos atípicos isolados ficam mais diluídos e influenciam menos nos resultados estatísticos finais. Por isso, tendemos a confiar mais em estudos com números maiores de participantes.

Já quando utilizamos muitos testes para fazer comparações, precisamos recorrer a um mecanismo de controle chamado "correção para múltiplas comparações". O controle é necessário porque, quanto maior o número de comparações, maior a chance de encontrarmos diferenças estatisticamente significativas por puro acaso, e não por serem realmente relevantes. A correção, no entanto, pode exigir muitíssimos participantes. Nos estudos genéticos de genoma inteiro, por exemplo, são realizados milhares de testes, pois cada variação possível do DNA é considerada uma unidade de comparação. Uma correção para comparações múltiplas na ordem de milhares de testes genéticos pode exigir pelo menos dezenas de milhares de pessoas. O que significa que qualquer estudo de genoma inteiro com menos de 10 mil participantes pode ser considerado pouco confiável. Quando um estudo conta com pouquíssimos participantes ou contém comparações múltiplas não controladas, corremos o risco de produzir o que é chamado de resultado falso (por isso o uso de "falso" no título do artigo de Ioannidis).

A argumentação de Ioannidis, porém, vai além de resultados estatísticos falsos-positivos ou falsos-negativos. Ele também aponta que pesquisadores e cientistas têm seus interesses e, por conta disso, podem assumir posturas tendenciosas. Na maioria das vezes, atitudes que favoreçam um determinado resultado costumam ser captadas por outros pesquisadores, que tendem a questionar os resultados alcançados. Mas há casos em que atitudes veladas de favorecimento podem ser difíceis de identificar. Consequentemente, Ioannidis sugere que, mesmo que haja mais de um estudo apontando numa determinada direção, se todas as pesquisas existentes forem do mesmo grupo de pesquisadores ou de grupos diversos que têm algum conflito de interesse comum, o melhor é ser cético e continuar pesquisando.

Trazendo essa realidade para o campo dos estudos das doenças mentais, percebemos que se deve desconfiar dos supostos marcadores biológicos de depressão ou ansiedade encontrados por um único estudo, feito com poucos participantes ou realizado exclusivamente por grupos de pesquisadores com muito interesse de que o resultado encontrado seja verdadeiro.

No campo da neuroimagem funcional, no qual a tecnologia avança vertiginosamente e métodos novos são criados todo mês, é comum encontrar estudos que mencionem um tipo de marcador biológico sofisticado associado à depressão ou à ansiedade, que nenhum outro grupo de pesquisa conseguiu ainda copiar. Esses resultados muitas vezes não sobrevivem a tentativas posteriores de replicação. Logo, são resultados únicos prematuros, por mais sedutores que sejam.

E, mesmo passando dessa "prova", ou seja, mesmo quando há evidência consistente de associação entre depressão ou ansiedade e um determinado marcador encontrado em muitos humanos, as limitações não foram totalmente resolvidas. Isso porque a existência de uma associação não garante que a sua natureza seja causal. Em outras palavras, a associação é verdadeira, mas ela não indica, necessariamente, que é a presença de um dos fatores que determina a ocorrência do outro. Podem ser outros aspectos comuns entre os dois fatores que fazem com que eles pareçam estar associados. Logo, mudar um deles não altera a chance de o outro aparecer.

FALTA DE EVIDÊNCIA DE CAUSALIDADE

Entre 1967 e 1973, em um estudo liderado pelo psicólogo Walter Mischel, da Universidade Stanford, crianças de quatro e cinco anos de idade foram submetidas ao que ficou conhecido como o teste do marshmallow.[6] Nesse experimento, as crianças podiam comer uma guloseima (marshmallow ou outro doce de preferência) imediatamente ou esperar e ganhar dois doces quando o instrutor retornasse para a sala. O aplicador do teste proferia a regra e então saía da sala por quinze minutos. O tempo que a criança demorava para atacar (ou não) a guloseima era registrado. As crianças eram então classificadas de acordo com o tempo que haviam aguentado não cair em tentação. Depois, essas mesmas crianças cresceram e continuaram sendo acompanhadas pelo grupo de pesquisadores de Stanford.

Na década de 1990, as conclusões dos estudos de continuidade das crianças dos marshmallows foram publicadas.[7] De acordo com os resultados, Mischel e seus colaboradores acreditaram ter encontrado um marcador de sucesso futuro. As crianças que haviam tolerado por mais tempo abrir mão do marshmallow à sua frente se tornaram os adultos com melhores resultados em provas de desempenho, peso corporal mais próximo do que seria considerado saudável, melhores empregos e mais amigos. A conclusão imediata era que treinar as crianças a buscar resultados mais demorados e trabalhosos no lugar de responder à gratificação imediata aumentaria a chance delas serem bem-sucedidas, certo?

Infelizmente, não. Ao longo dos anos, os resultados dos estudos da década de 1990 publicados pelo grupo de Mischel foram confrontados em diversos aspectos. O que nos interessa aqui é a contestação centrada na atribuição de causalidade à relação entre marshmallows e desempenho futuro. Mischel foi um grande entusiasta da ideia de que características de personalidade são determinantes para o sucesso. Consequentemente, quando constatou que as crianças mais afobadas tinham um futuro "pior", ele imediatamente assumiu que a afobação era a causa do futuro caótico, e não tardou em difundir essa conclusão. Com base nos trabalhos de Mischel, estimular o treino escolar para que as crianças aprendessem a ter mais paciência — por exemplo, fazê-las esperar até o fim da aula para conceder mais tempo de recreio — virou uma obsessão entre os estadunidenses.

Muitos anos depois, no entanto, estudos que reavaliaram a relação entre marshmallows e sucesso aventaram outra forma de compreender o efeito da resistência às guloseimas sobre o futuro. Ampliando os controles experimentais, foi possível observar que as crianças que toleraram menos o processo de espera para ganhar um número maior de marshmallows também eram aquelas com maior probabilidade de ter mães que não tivessem cursado o ensino superior e famílias com maior dificuldade de garantir estabilidade econômica. Ou seja, eram crianças que experimentavam os efeitos da falta de recursos. Além disso, quando os resultados foram controlados para o elemento socioeconômico, a relação entre a capacidade de resistir às guloseimas e o sucesso futuro praticamente desapareceu.[8]

A moral dessa história dos marshmallows é que, mesmo quando uma associação parece óbvia, é recomendado não se precipitar em assumir que a associação indique uma relação direta de causa e efeito. As crianças afobadas não são afobadas porque sua biologia é assim. Elas se comportam dessa forma porque, no ambiente onde foram criadas, não desperdiçar a chance de comer um marshmallow faz mais sentido que aguardar uma quantidade maior de guloseimas. Do mesmo modo, a menor chance de sucesso profissional e financeiro das crianças afobadas é provavelmente consequência das piores condições econômicas em que viviam suas famílias, não o fato de não conseguirem esperar uma recompensa tardia. Consequentemente, não adianta ensinar os afobados a serem pacientes. O que vai realmente ajudar as crianças é fazer com que suas famílias tenham maior estabilidade financeira.[9]

Não basta encontrar elementos que estejam significativamente associados entre si. Para que a modificação de um elemento tenha impacto sobre o resultado que se quer melhorar, é essencial estabelecer uma relação de causa e efeito. Entre os possíveis marcadores biológicos de depressão e ansiedade, mesmo quando existe uma associação comprovada entre dois elementos, como é o caso da relação entre níveis de cortisol e sintomas depressivos, não é possível estabelecer que os níveis alterados de cortisol causam a depressão ou vice-versa. Interferir nos níveis de cortisol não é efetivo em prevenir ou tratar os sintomas depressivos. É por isso que, apesar de se falar muito da relação entre eles, não existe nenhum tratamento baseado na modificação dos efeitos do cortisol que seja efetivo em melhorar sintomas depressivos e ansiosos.

E mesmo quando há comprovação de relação causal, nossos problemas ainda não acabam. Porque, ainda que haja evidência de que a natureza de uma associação é causal, sua força pode ser tão marginal que não é possível diferenciar quem tem ou não a doença por meio da medida desse marcador. O mesmo pode ser dito sobre marcadores capazes de diferenciar grupos de pessoas que se beneficiam ou não de um determinado tratamento.

AUSÊNCIA DE RELEVÂNCIA CLÍNICA

Nem todo resultado estatisticamente significativo, mesmo que verdadeiro e com alguma relação causal estabelecida, é clinicamente relevante. Ou seja, ele não necessariamente tem impacto sobre a vida das pessoas que procuram por alguma forma de tratamento para as suas aflições. Resultados clinicamente irrelevantes, no entanto, ainda podem suscitar interesse científico, pois direcionam novas sequências de investigação. É por isso que alguns pesquisadores se mostram particularmente empolgados por achados científicos, mesmo que eles não tenham nenhum impacto presente para o público geral. No futuro, achados hoje irrelevantes ainda podem vir a revolucionar o tratamento de doenças graves.

No tópico da relevância, existe ainda um paradoxo.

Se por um lado os estudos com dezenas de milhares ou até centenas de milhares de participantes que buscam por marcadores genéticos de depressão são estatisticamente confiáveis, por outro, esses mesmos estudos conseguem encontrar variações de DNA associadas à depressão mesmo que essas variações representem uma fração mínima da diferença entre pessoas com e sem depressão. Hipoteticamente, num estudo com centenas de milhares de participantes, seria possível, por exemplo, encontrar uma associação significativa entre uma variante genética e o diagnóstico de depressão mesmo que essa variante esteja presente em apenas 5% das pessoas com depressão e 2% das pessoas sem depressão. Esse seria um resultado genético verdadeiramente significativo, porém clinicamente irrelevante. Afinal, uma pessoa com depressão escolhida aleatoriamente teria 95% de chance de não carregar a variante apesar de ela estar associada à depressão.

Depois de muitos estudos, sabemos também que é altamente improvável que uma variante genética isolada[10] venha a ter muita relevância na nossa busca por compreender as origens biológicas da depressão. Os modelos genéticos mais aceitos hoje consideram múltiplas variantes genéticas e relações entre essas variações e elementos do ambiente. Ainda assim, mesmo aplicando modelos genéticos complexos, não foi possível construir nenhum teste genético de fato capaz de dizer se alguém está ou vai ficar deprimido ou padecer de algum transtorno de ansiedade a partir de sua genética. No entanto, algumas variantes genéticas podem ter certa utilidade à condução do tratamento. É nessas variantes que se baseiam as baterias de testes genéticos que são usadas hoje para, em tese, melhorar a efetividade dos tratamentos farmacológicos.

✳

A tentativa de usar resultados genéticos para melhorar a eficiência dos tratamentos com remédios levou ao desenvolvimento dos chamados testes farmacogênicos. Vamos gastar algum tempo com eles aqui, pois muitas pessoas recebem a indicação de fazer esses testes e é importante que elas saibam o que eles são capazes de responder para poderem decidir se irão ou não investir nesse caminho. São pelo menos 35 baterias diferentes patenteadas e comercializadas que prometem identificar quais seriam os melhores remédios psiquiátricos para cada pessoa. Existem duas abordagens nesses testes. A primeira é relacionada ao metabolismo, ou seja, a capacidade do organismo de quebrar cada substância até que ela atinja uma forma na qual possa ser excretada do corpo. Já a segunda é direcionada a variações genéticas que podem estar associadas à manifestação mais intensa de determinados efeitos colaterais ou à melhor chance de eficácia de medicamentos específicos.

De acordo com a primeira abordagem, nós todos produzimos enzimas que quebram substâncias e que podem funcionar melhor ou pior dependendo de nossa estrutura. Consequentemente, variações no código genético (que serve de instrução para produzir essas enzimas) podem afetar a velocidade de quebra de certas substâncias. Variantes genéticas com grande impacto sobre o metabolismo de substâncias são relativamente raras. A prevalência dessas variantes difere de acordo com a origem de cada população (brancos europeus, latinos, populações originárias, africanos e asiáticos). Na população global, para uma das enzimas mais importantes,[11] a prevalência de pessoas que metabolizam muito lentamente algumas substâncias varia de menos de 1% até 6%, e a de pessoas que metabolizam muito rápido as mesmas substâncias, de 1% até 11%.[12]

É coerente imaginar que quem metaboliza mal vai responder a doses muito baixas de certas substâncias e quem metaboliza bem demais vai precisar de doses muito mais altas do que metabolizadores médios.[13] No entanto, nos estudos de campo, a aplicação de testes farmacogenéticos centrados na avaliação das enzimas teve baixo impacto. Talvez porque o acompanhamento clínico já conseguisse manejar as situações de baixa tolerabilidade e resistência mesmo sem conhecer o resultado genético. O consenso atual dos órgãos de controle internacionais, como a norte-americana Food and Drug Administration (FDA), é que os testes farmacogenéticos que avaliam metabolismo de substâncias só devem ser indicados para pacientes que já demonstraram baixa tolerância ou ausência de melhora com os tratamentos tentados até então. Esses órgãos não estimulam o uso irrestrito de testes farmacogenéticos para todas as pessoas que buscam tratamento com antidepressivos porque entendem que os benefícios atingidos com os testes atuais não justificam seu custo, que, diga-se de passagem, é alto.[14]

A segunda abordagem, por sua vez, diz respeito a variações genéticas que ajudariam a prever o efeito dos remédios, mas a incerteza da utilidade é ainda maior. Simplesmente não existem marcadores genéticos capazes de prever melhora com antidepressivos que tenham se mostrado estatisticamente significativos em vários estudos de boa qualidade. Existem somente achados preliminares, baseados em estudos que não tinham poder estatístico suficiente para chegar a conclusões confiáveis ou que ainda não foram confirmados por estudos subsequentes. Na ausência de evidências confiáveis, não há consenso entre os pesquisadores sobre quais poderiam ser os marcadores genéticos de resposta ao tratamento com antidepressivos. Na ausência de consenso, cada marca de testes farmacogenéticos se baseia em achados diferentes relacionados aos genes e à sua relação com os antidepressivos. Tanto que, se uma mesma pessoa se submeter a testes farmacogenéticos de marcas diferentes, ela poderá receber recomendações de medicações diferentes como as melhores para ela. O que significa que os testes baseados em dados pouco confiáveis se aproximam de um jogo de adivinhação. Logo, não existe uma recomendação formal para o uso dessa segunda abordagem nem em situações de resistência conhecida à medicação, mesmo que em casos anedóticos os testes genéticos tenham tido algum impacto.

Os testes farmacogenéticos são um exemplo de como aplicações de ciência e tecnologia nem sempre produzem efeitos relevantes. Ainda estamos engatinhando na criação de modelos genéticos complexos capazes de melhorar o desempenho desses testes, e talvez eles venham a nos surpreender no futuro. No entanto, cabe aqui o aviso: mesmo quando a ciência está correta, como no caso da avaliação de variantes com maior ou menor capacidade de metabolismo de certas substâncias, a relevância não é garantida.

Reconhecer as complicações de interpretação dos resultados científicos mencionadas mostra que informações isoladas são muito difíceis de interpretar e que pesquisadores e cientistas não são seres isentos na sua avaliação das evidências. Quando acreditamos muito que uma relação deve existir, como no exemplo dos marshmallows, comemoramos de forma exagerada as evidências de que ela existe e ignoramos solenemente as indicações contrárias. Por isso, precisamos manter nosso ceticismo em alta e desconfiar dos nossos próprios resultados.

Para que a ciência seja confiável para o público geral, os cientistas precisam ser transparentes em relação às suas limitações, mesmo com todas as suas idiossincrasias. Levar esse ceticismo para o público geral não é uma forma de alimentar o negacionismo científico, muito pelo contrário: é uma forma de aproximar o público da ciência a ponto de ser tolerável que os cientistas discordem, se enganem e revejam conceitos sem que isso desmoralize o trabalho científico.

Em contraste, vender uma ciência ilimitada pode ser um tiro no pé dos cientistas. Assim que o poder científico anunciado não se confirma, o vácuo deixado é ocupado pela pseudociência ou por movimentos anticiência, que usam os limites, as falhas e os enganos da ciência para alimentar fantasias de curas milagrosas ou teorias conspiratórias.

E nesse sentido o propósito também é mostrar que a ciência funciona, apesar de precisarmos reconhecer as suas limitações. Ainda que os transtornos psiquiátricos não sejam provocados por desequilíbrios químicos comprovados pelos inúmeros candidatos a marcadores biológicos, em alguns casos foi a ciência que nos permitiu entender como ajudar os deprimidos e ansiosos a se sentirem melhor com remédios. No próximo capítulo viajaremos no tempo para conhecer esse longo caminho que nos trouxe até aqui.

Dois limões por dia

> *Pode-se argumentar que, ao confessar sua falta de um remédio infalível para o escorbuto e sua dificuldade em compreender o comportamento da doença, Lind prestou um serviço maior à medicina do que ao conduzir seu agora famoso ensaio.*
>
> Stewart Justman[1]

No século 18, na Europa, uma doença terrível assolava os marinheiros de longas viagens. Tripulações inteiras terminavam em frangalhos. Ossos se quebravam espontaneamente, gengivas sangravam, olhos deixavam de enxergar e a mente delirava. Os corpos estavam se desfazendo, como se veio a descobrir depois. Quanto mais longa a viagem e menor a possibilidade de parar em terra firme, maior o risco de sucumbir ao inimigo invisível das grandes navegações. Maior era o risco de nunca mais retornar à terra natal.

O estrago era tamanho que faltavam funcionários dispostos a embarcar nos navios. Muitos dos que trabalhavam na marinha inglesa estavam ali porque eram criminosos condenados ao trabalho forçado ou porque haviam sido simplesmente sequestrados. A falta de marinheiros ameaçava restringir a expansão naval. A situação beirava o desespero e era o momento de investir na busca de uma cura para o infortúnio dos embarcados, de modo que as nações europeias pudessem prosseguir com suas empreitadas colonizadoras que se mostravam tão lucrativas.

Naquele momento da história, no entanto, ninguém havia descoberto um método eficaz para determinar quais tratamentos funcionavam para o quê. A maioria das doenças tinha natureza desconhecida. Sem conhecer as origens, ficava ainda mais difícil descobrir como se livrar delas. Ninguém sabia se era melhor começar pedindo ajuda ao sacerdote, ao barbeiro-cirurgião ou ao médico da marinha.

Tratamentos, inclusive, havia vários. Diante da ignorância, atirava-se para todo lado. A maior parte dos ditos remédios, infelizmente, só acentuava o sofrimento. A esperança de encontrar uma solução só se mantinha porque, ao contrário de muitas doenças infecciosas, o mal dos navios às vezes desaparecia sem deixar vestígios. Esse era o grande mistério: por que, de vez em quando, o tal escorbuto tinha uma cura milagrosa?[2]

Hoje, o cenário é radicalmente diferente: passamos a vida sem conhecer alguém que tenha sofrido de escorbuto. A cura é não só conhecida em larga escala como distribuída em todos os países. Todos nós, de modo natural ou artificial, tomamos regularmente nossas doses de vitamina C, cuja falta é a causa do temível mal dos marinheiros. Dois limões por dia e tudo está resolvido. Na ausência de limões e frutas frescas, produtos enriquecidos com vitamina C ou tabletes de suplementos vitamínicos garantem o mesmo resultado. Talvez não exista tratamento mais banal. Para chegarmos até este momento, no entanto, alguém que nem cogitava a existência de vitaminas essenciais para a vida teve de se convencer de que os limões podiam salvar. E, ao fazer isso, ele inaugurou os testes terapêuticos, a ciência que tenta determinar para que servem os remédios. Esse alguém foi o médico escocês James Lind.

O experimento de Lind marca o início de uma nova abordagem na medicina, de viés aplicado. A ciência aplicada tenta encontrar utilidades, achar "pra que serve alguma coisa".[3] Em contraste com a medicina que existia até então, que não era suscetível a questionamentos sobre sua efetividade, a medicina baseada na aplicação é totalmente centrada na eficácia, na relevância clínica que conhecemos no capítulo anterior.

Antes de ser largamente influenciada pela revolução científica, a medicina ocidental era baseada na tradição greco-romana. Os médicos não tinham a preocupação de provar de modo sistemático o funcionamento dos remédios. Baseavam-se em métodos e critérios muito distintos dos de hoje, a ponto de por vezes parecer, aos nossos olhos modernos, que não tinham lógica nenhuma. Mas obviamente a opinião dos médicos antigos era outra. Em grande parte imperava a chamada medicina hipocrática, baseada nas teorias dos humores, que, quando não esperava pela cura natural das doenças, empregava tratamentos purgativos e sangrias. Cabe lembrar que a purgação e as sangrias não foram só uma herança grega. No dito Oriente, o livro sagrado dos Vedas, os tratados médicos do Egito dos faraós e os registros da medicina tradicional chinesa também mencionam esses tipos de intervenção.[4]

Embora hoje saibamos que vômitos, diarreias e sangramentos produzidos artificialmente são, na maior parte das vezes, não só ineficazes como também prejudiciais para o restabelecimento da saúde, é compreensível que na época, diante da escassez de opções, essa ideia fosse aventada. Acidental ou propositadamente, o interior do corpo humano já tinha sido visualizado — os grandes órgãos, como o coração, os pulmões, o fígado, os intestinos e mesmo o cérebro e os nervos, eram conhecidos, mas só tinham sido vistos quando mortos. No mundo dos vivos, o que era acessível eram somente as excreções (suor, fezes, urina, vômito) e o sangue que jorrava de feridas abertas. Se havia algo de ruim no organismo e precisávamos nos livrar daquele mal, parecia racional deixar o paciente se esvair em sangue, fezes e vômito. E, se isso funcionava ou não, os médicos por muito tempo não pareceram interessados em descobrir.

Não à toa o dramaturgo Molière (1622-1673) satirizou a figura do médico na peça *O doente imaginário*.[5] Nela, os médicos aparecem como gananciosos, arrogantes, autoritários e interesseiros, além de incompetentes. Numa das falas cômicas da peça, a personagem que faz as vezes de empregada diz que o médico "deve ter matado muita gente para ser tão rico". Em outro momento, o médico tece elogios ao filho recém-formado também em medicina: "... acima de tudo, o que me agrada nele — e nisso segue o meu exemplo — é que se agarra cegamente às opiniões de nossos antigos e jamais quis escutar nem compreender razões e experiências das pretensas descobertas do nosso século, coisas como a circulação do sangue e outras opiniões da mesma farinha". O médico também diz: "O que há de aborrecido com os grandes é isto: quando ficam doentes querem absolutamente que seus médicos os curem". A essa fala se segue uma observação irônica da empregada: "É engraçado! Como são impertinentes, com isto de quererem ficar curados! Não é para isto que os senhores doutores estão aí: só estão para receber seus honorários e receitar remédios; eles que se curem, se puderem!".

Voltando para o problema do escorbuto, que não poderia ser resolvido com a aplicação da teoria dos humores, vale mencionar que, mesmo antes de James Lind, a solução já tinha sido encontrada. Porém, o apego à tradição impediu que ela fosse aceita. Um teólogo luterano chamado Johann Friedrich Bachstrom, usando a observação e a dedução lógica, chegou a uma conclusão brilhante com base nas condições que predispunham ao aparecimento da doença. Já que ela aparecia com mais frequência naqueles sem acesso a frutas e vegetais frescos, Bachstrom concluiu que a alimentação devia ter alguma coisa a ver com a doença. Ou seja, que o escorbuto seria explicado por uma deficiência de algo contido nas frutas e nos vegetais. Assim, a prevenção e o tratamento do escorbuto consistiriam em manter alimentos frescos nas dietas dos marinheiros.

Além disso, ele classificou intuitivamente frutas, raízes e vegetais de acordo com seu potencial de reverter os efeitos da falta de vitamina C. E fez tudo isso sem nenhuma ajuda de instrumentos tecnológicos ou de conhecimento profundo sobre a composição dos alimentos. Ele nunca veio a saber que o nutriente que supunha existir era a vitamina C, também conhecida como ácido ascórbico. Hoje, parece-nos impressionante que ele tenha sido capaz de chegar a conclusões acertadas com tão pouca informação.

Mas a marinha inglesa não se impressionou e preferiu não aderir às sugestões de Bachstrom. Séculos de medicina hipocrática não podiam ser abandonados, e os oficiais preferiram continuar com seus elixires que supostamente equilibravam os humores. Os marinheiros ingleses continuaram morrendo de escorbuto, e Bachstrom terminou a vida preso, a mando de padres jesuítas, que o consideravam muito heterodoxo em seu posicionamento religioso. Na prisão, foi executado por estrangulamento em 1742, aos 54 anos. Tivemos por alguns instantes a chave da cadeia nas nossas mãos, mas, por alguns anos, preferimos nos manter no calabouço.[6]

Em 1739, James Lind ingressou na marinha inglesa como assistente de cirurgião. A promoção para cirurgião-chefe ocorreu em 1746, quando ele trabalhava a bordo do *HMS Salisbury*. Foi nesse navio, já como cirurgião-chefe, que Lind realizou o experimento que, finalmente, seria capaz de mudar o destino trágico dos marinheiros de longas expedições. Para isso, ele contou com a ajuda de doze participantes involuntários. Naqueles tempos, ninguém se preocupava em pedir o consentimento dos doentes — afinal, eles sequer haviam consentido em embarcar.

Os doze marinheiros escolhidos por Lind apresentavam sintomas avançados de escorbuto. Hoje sabemos que seu antídoto, a vitamina C, é essencial para que as células do corpo produzam uma proteína chamada colágeno, que por sua vez age como uma argamassa que mantém as células grudadas umas nas outras. Na falta de colágeno, o corpo praticamente se desfaz. E era nesse processo de adoecimento que estavam os pobres marinheiros.

Lind então dividiu os doze em seis grupos com dois marinheiros cada. Como ele já conhecia as observações de que o escorbuto poderia ter a ver com a dieta (assim como muitos outros colegas que preferiam não acreditar nessa hipótese), ele manteve uma dieta básica controlada e muito parecida para os seis grupos. Como suplementação, testou seis tipos diferentes de remédios populares para o escorbuto. Entre eles havia elixires, cidra, óleo de vitríolo (ácido sulfúrico), vinagre e até água do mar. Apenas em um grupo de dois marinheiros sortudos, Lind suplementou a dieta com laranjas e limões. Duas laranjas e um limão por dia por marinheiro, para ser exata.[7]

Bingo! Somente dois marinheiros melhoraram em poucas semanas de tratamento. Adivinhe quais.

Ao contrário das observações de Bachstrom, o experimento de Lind demorou (muito), mas por fim convenceu a marinha inglesa da necessidade de manter o acesso constante a frutas cítricas frescas nas embarcações. Não que tenha sido fácil. Mesmo com a prova obtida pelo experimento no *HMS Salisbury*, a comunidade médica não foi unânime em aceitar o resultado descrito por Lind. Limões e laranjas não combinavam com os humores. Lind inclusive tentou explicar o efeito das frutas cítricas sendo fiel a essas teorias, às custas de errar feio na explicação. Bachstrom havia sido muito mais certeiro em compreender que o escorbuto era uma doença causada por deficiência de um nutriente essencial e, mesmo assim, foi menos convincente, além de ser lembrado raramente na história da medicina. Certamente muito menos que Lind, que, ao contrário de Bachstrom, nunca chegou perto de inferir por que os limões, afinal, funcionavam.

O fato de Lind não precisar saber o que acontecia para descobrir a melhor forma de tratar os marinheiros com escorbuto não é um evento isolado. Essa é a marca da ciência aplicada. Mesmo sem conseguirmos produzir boas explicações, conseguimos determinar qual resultado é o mais esperado com o uso de um tratamento específico, por meio de testes comparativos controlados. Lind não só nos ensinou de que forma testar hipóteses de tratamento como também comprovou que esse tipo de teste pode ser útil mesmo antes de conseguirmos descobrir como funciona o nosso corpo. Ou a nossa mente — para os que acreditam nela.

Depois de toda essa jornada pela história de um dos primeiros ensaios clínicos de intervenção registrados, espero que agora esteja mais claro quão possível é comprovar a eficácia de substâncias químicas como tratamento para doenças mentais mesmo sem entender de que forma tais substâncias agem e sem saber a origem biológica das doenças. Inclusive, esse não é um fenômeno que importa só à psiquiatria, pois a ciência médica é muito dependente da ciência aplicada, às vezes até mais do que da ciência de microscópios, células, tubos de ensaio e reações químicas. O que significa que, apesar de todos os avanços do nosso conhecimento a respeito de como o corpo humano funciona, a ciência médica continua tremendamente empírica, escorada em mecanismos de análise cada vez mais sofisticados. E uma boa parte dessa sofisticação tem relação com o controle de um dos efeitos que tentamos anular com experimentos como o de Lind: o complexo de efeitos placebo.

Placebo não é palavrão

> *O progresso às vezes é apenas a retomada de uma velha ideia abandonada.*
> Henri F. Ellenberger[1]

Entre as laranjas e os limões de Lind e os ensaios clínicos da nossa era, houve muita evolução. Se definirmos um ser vivo pela sua capacidade de evoluir, a pesquisa clínica é um ser vivente. Isto é, esse conjunto de métodos que norteiam os testes feitos em humanos na tentativa de encontrar respostas para dúvidas científicas evolui, e muito. Foram décadas de tropeços para que chegássemos ao formato atual, e nada indica que ele seja definitivo.[2] O escorbuto foi o criminoso ideal para nossa primeira investigação. Não havia nenhuma chance de que ele melhorasse sem que fosse adicionada alguma forma de vitamina C à dieta dos marinheiros, e havia 100% de chance de melhora com a inclusão dessa vitamina, se ela fosse feita a tempo. Outras doenças não têm um tratamento tão certeiro, o que torna mais difícil isolar o efeito da intervenção terapêutica.

Uma descoberta importante para dar conta dessas complicações foi o conhecido complexo de efeitos placebo e sua incorporação aos chamados estudos duplo-cegos randomizados controlados com placebo, em que as pessoas que participam não sabem se estão tomando o placebo ou o tratamento específico. Os efeitos placebo têm um papel bastante peculiar no desenvolvimento dos remédios psiquiátricos e, *spoiler alert!*, alimentam críticas vorazes ao uso de antidepressivos. Mas antes de conhecer essa história, precisamos entender como aprendemos a neutralizar de forma cada vez mais eficiente os efeitos placebo nos ensaios clínicos de intervenção.

Na Nova Inglaterra, nos Estados Unidos, nasceu e viveu o médico charlatão Elisha Perkins. Em 1796, Perkins patenteou uma invenção conhecida como hastes de Perkins. Eram duas hastes, uma de aço (prateada) e outra de latão (dourada), que, quando usadas em conjunto sobre regiões do corpo, seriam capazes de tratar dores, inflamações e reumatismo. A notícia sobre as hastes milagrosas se espalhou e as geringonças de Perkins venderam como água, não só nos Estados Unidos, mas em muitas partes da Europa.

Não foi por acaso que Perkins escolheu as dores como foco do seu tratamento. Manifestações dolorosas são sensíveis a mudanças de contexto. A intensidade das nossas dores varia não só de acordo com a gravidade do agente doloroso, mas também, por exemplo, com a cultura na qual estamos inseridos, o nosso humor, o cuidado que recebemos e quanto acreditamos que algo pode ter efeito analgésico.

Há alguns anos, passei horas com dor de cabeça. Era uma dor chata, em pontadas, que parecia não querer me abandonar. Um dia, depois de passar muito tempo esperando que ela fosse embora naturalmente, desisti da empreitada e resolvi tomar um analgésico. Cerca de vinte minutos depois, a dor desapareceu. Pensei, naquele momento, o quanto havia sido inútil esperar. Da próxima vez não ficaria sofrendo de dor se tivesse um remédio à disposição. Em meio a esses pensamentos, olhei para o balcão da cozinha e notei um pequeno objeto rosa sobre a toalha de mesa. Ao me aproximar, percebi que era, na verdade, um comprimido do analgésico. Aquele mesmo que eu acreditava ter tomado. Devo ter tirado da embalagem, apoiado sobre o balcão para pegar um copo d'água e esquecido de pegá-lo outra vez antes de tomar a água. Ao chegar a essa conclusão, senti a primeira pontada. A dor havia retornado. Apesar do incômodo, não resisti e caí na risada: soube que tinha acabado de experimentar na pele o que chamamos de efeito placebo.

E Perkins conhecia muito bem esse fenômeno. Ele sabia que, se as pessoas acreditassem no poder de suas hastes, elas muitas vezes funcionariam, sobretudo para sintomas flutuantes como a dor. Para aumentar o efeito do tratamento, ele inclusive omitia dos incautos a real composição do equipamento. Dizia que eram ligas de metais raros, não os triviais aço e latão.

Mas, se as hastes melhoravam as dores dos doentes, como provar que a patente que Perkins usava para enriquecer era uma trapaça?

A solução foi simples e genial. John Haygraph era um médico inglês de excelente reputação. Ele havia passado pelos melhores centros universitários da Europa, estudado na Universidade de Edimburgo, na Universidade de Leiden e na Universidade de Cambridge, de onde saiu como médico em 1766. Com medidas simples, como o isolamento dos doentes com febre e o estímulo à inoculação (uma forma antiga de vacinação), Haygraph reduziu pela metade a mortalidade por varíola no distrito onde trabalhava.

E a genialidade de Haygraph não parou na prevenção da varíola e de outras doenças contagiosas. Em 1799, ele se irritou com os preços exorbitantes cobrados pelas banais hastes de Perkins e, cansado de ver as pessoas gastarem suas economias em uma farsa, entrou em ação. Para provar que o estratagema não passava de um engodo, ele produziu um par de hastes idêntico às hastes de Perkins (uma prateada e outra dourada), exceto pela composição. As hastes de Haygraph eram de madeira pintada, e não de metal.

Com os dois pares de hastes — um de Perkins e outro de madeira —, ele tratou diversos pacientes divididos em dois grupos de acordo com o tipo de hastes. Ao fim dos tratamentos, Haygraph descreveu a frequência de recuperação em cada grupo. Houve melhora em ambos, mas ela foi semelhante tanto com o metal quanto com a madeira. O que quer dizer que as hastes de Perkins funcionavam, mas não pelos efeitos dos metais, e sim porque os pacientes acreditavam em seu funcionamento.

A estratégia de Haygraph assumia que a melhora poderia ocorrer mesmo que as hastes não fossem de metais raros ou exercessem qualquer mudança direta na fisiologia do corpo humano. O que foi genial, porque, para descontar os efeitos inespecíficos do tratamento e o acaso, Haygraph idealizou um dos primeiros estudos controlados com placebo, que até hoje são regidos por esse princípio de os pacientes não saberem qual tratamento contém o princípio ativo e qual não contém.[3]

Mas como explicar o poder terapêutico dos efeitos placebo? Mesmo na época de Haygraph, já era conhecido que em certos ambientes as pessoas podem influenciar umas às outras e induzir estados de transe, euforia, medo ou até mesmo possessão. A esse efeito, damos hoje o nome de sugestão. Terapias como a hipnose e a regressão de vidas passadas se baseiam, pelo menos em parte, nos efeitos da sugestão. Certos rituais religiosos e eventos de massa, como passeatas regadas a gritos de ordem, também podem ter efeitos explicáveis pela sugestão. Esse é um fenômeno não só real como poderoso, e induz eventos catárticos muitas vezes impressionantes. Por meio da sugestão é possível despertar emoções intensas, como a raiva, o amor, o desespero, a esperança, a tristeza, a alegria e a compaixão. Sentimo-nos arrepiados e conectados aos demais por meio de um conjunto de ações coletivas simbólicas ritualizadas que mobilizam nossas emoções, nossos sentidos e nossos pensamentos. Podemos ser sugestionados a nos sentir melhor ou pior. Quando nos sentimos sob o cuidado de uma pessoa imbuída de autoridade médica, científica ou metafísica, podemos ter tanta convicção de que existe uma melhora possível para aquilo que estamos sentindo que simplesmente melhoramos, independente do método escolhido pelo médico, curandeiro ou sacerdote. No outro lado da mesma moeda, podemos nos sentir piores se estivermos convencidos de que temos uma doença grave. Como quando lemos hipóteses diagnósticas tenebrosas na nossa busca na internet e nos convencemos de que estamos sentindo todos os sintomas daquela síndrome grave e potencialmente letal.

O complexo de efeitos placebo tem relação com esses fenômenos de sugestão, que sempre fizeram parte da cultura e que são explorados para o bem ou para o mal de várias formas.[4] E, embora predominante, não é incomum que as pessoas usem o termo placebo de modo pejorativo, como se quem explora seus efeitos fosse sempre charlatão e quem os sente fosse, necessariamente, alguém facilmente enganado. São equívocos que se perpetuam na cultura, a começar pelo nome, que não ajuda.

A primeira menção conhecida de "placebo" se referia às pessoas que eram contratadas para chorar no velório de desconhecidos.[5] Quem contratava o coral de placebos o fazia para passar a impressão de que o morto havia sido mais adorado em vida do que tinha sido de verdade. Depois desse início fúnebre, o placebo passou a ser aplicado para descrever pílulas de farinha, recipientes contendo água colorida, ou pó de giz, usados pelos barbeiros e médicos charlatães que viajavam de cidade em cidade oferecendo curas milagrosas para todas as doenças.

Esse histórico nada glamoroso aconteceu porque nos demos conta de sua existência observando a atuação de enganadores que, conhecendo o efeito, o utilizavam para tirar o dinheiro das almas desesperadas por uma salvação. O que demoramos para perceber foi que, na verdade, inadvertidamente, estávamos explorando-o havia milênios e, na maioria das vezes, por um bom propósito.

O efeito placebo não está no pó de giz vendido como pó de chifre do rinoceronte-dourado da ilha de Madagascar. Ele está na nossa relação com quem nos trata. O próprio Haygraph, por ser conhecido como um dos melhores médicos de seu tempo, certamente obteria mais sucesso que colegas de reputação duvidosa, mesmo que todos prescrevessem exatamente os mesmos tratamentos.[6] Isso também acontecia com os pajés, figuras de grande respeito em seus povos, ou com as sacerdotisas tidas como instrumentos dos deuses nos templos da Grécia Antiga.

Além disso, não existem tratamentos comprovados cientificamente para todas as nossas agruras, e os tratamentos com evidência científica que existem não funcionam para todo mundo. Para a depressão, por exemplo, sabemos muito sobre o potencial resultado do primeiro tratamento que vamos instituir. Centenas de estudos compararam terapia ou antidepressivos com medicações placebo ou ausência de tratamento. Acompanhamos dezenas de milhares de participantes nessas pesquisas. Conseguimos antecipar os efeitos colaterais mais comuns e estimar a demora para a melhora com o tratamento, caso ela ocorra. Não sabemos exatamente por que as medicações antidepressivas ou a terapia funcionam, mas sabemos qual é a trajetória mais comum de quem melhora com elas. É, de certa forma, um chute, mas é um chute bem informado.

Na falha da primeira tentativa, no entanto, a informação disponível para que possamos prever o próximo desfecho já é mais nebulosa e adentramos em terreno cada vez mais cinzento conforme seguimos com outras tentativas. Em vez de centenas, são dezenas os estudos que seguem os próximos passos depois da primeira decepção. No lugar de dezenas de milhares, são centenas as pessoas que foram acompanhadas neles. Não só a quantidade de estudos é menor, mas a qualidade metodológica também é pior. Os tratamentos são menos uniformizados e os participantes têm mais complicações. Com menos controle metodológico, temos mais resultados contraditórios. Muitos estudos se opõem aos resultados anteriores em vez de confirmá-los. Nesse contexto, acabamos tendo que aprender com as pessoas que nos procuram, com múltiplas tentativas, acertos ou erros.

A limitação do nosso conhecimento não diz respeito somente ao modo de funcionar dos tratamentos: também não conhecemos o suficiente a doença a ser tratada. Quando alguém consulta um médico, existe um grande risco de que aquilo que se relata não se enquadre em nenhum protocolo de tratamento. Podem ser sintomas raros ou atípicos, combinações de doenças que interferem umas nas outras, situações de vida pouco usuais. Quanto mais raro e atípico o caso, menor a quantidade de informação disponível. Se procurarmos por ensaios clínicos com depressão numa das plataformas de artigos científicos, vamos ter mais de 10 mil artigos listados. Se a busca for por ensaios clínicos de um diagnóstico um pouco menos comum, como o transtorno obsessivo-compulsivo, vamos conseguir uma lista de pouco mais de 1500 artigos. Para diagnósticos ainda mais raros, como o da Síndrome de Tourette, a lista diminui para trezentos artigos.

Se nos ativermos só ao que é absolutamente comprovado, vamos deixar de tratar grande parte das pessoas que nos procuram. Como médicos, estamos, na maior parte do tempo, navegando em terreno incerto e nos aproveitando do efeito placebo.

O que temos obrigação de deixar claro é onde acaba a ciência e onde começa o empirismo. Para tratamentos muito bem estudados e doenças razoavelmente delimitadas, podemos dizer que a chance de melhora com determinada intervenção é de, por exemplo, 70%. Já para tratamentos não testados naquele formato e/ou doenças que não se enquadram bem nas descrições dos estudos clínicos, precisamos assumir que o resultado é totalmente imprevisível.

A fronteira que separa o puro charlatanismo do empirismo bem-intencionado muitas vezes não é claramente delimitada. Em geral, quanto mais certezas e panaceia, mais próximos estamos do polo charlatão; quanto mais incerteza e limitação, mais próximos estamos das tentativas legítimas de auxílio. Os charlatões, com frequência, são aqueles que se apresentam como detentores de um conhecimento exclusivo. Só eles e um punhado de seguidores fiéis praticam aquele tipo de tratamento extraordinário. E quando questionados sobre o porquê de esse conhecimento não ter sido compartilhado com outros colegas, costumam justificar com histórias sobre complôs de colegas, instituições ou da indústria farmacêutica que se posicionam contra a sua descoberta genial porque se sentem ameaçados por ela. Ameaçados, segundo eles, por sentirem que irão perder dinheiro. O fato de que os próprios charlatões enriquecem com o que oferecem é um detalhe geralmente omitido.

Os médicos que estão no outro polo costumam dividir as suas fontes, assumir que estão navegando em águas turvas e que muitos outros colegas tentariam tratamentos semelhantes. Eles estão lá para sugerir um dos caminhos possíveis, mas quem está em tratamento é que deve decidir qual trajetória irá seguir. Médicos assim estão conscientes do efeito placebo, sabem que muitas vezes não é possível saber se a melhora foi porque o tratamento estava certo ou por consequência de efeitos inespecíficos do cuidado recebido. Eles usam o efeito placebo a favor do paciente quando oferecem um bom cuidado, mas não o personificam. Não convencem quem os procura de que a melhora só ocorreu por conta da sua incrível personalidade ou genialidade.

Uma situação que ilustra o uso consciente do efeito placebo surgiu com uma paciente que me procurou por queixa de ansiedade. Ela já tinha iniciado o tratamento com um antidepressivo com efeito sobre ansiedade, mas se queixava de que, mesmo quatro meses depois de ter iniciado a medicação, continuava ansiosa. Perguntada por mais detalhes, ela contou que esperava que a medicação a transformasse em uma pessoa calma. Esperava demais do remédio, como se ele fosse capaz de transformar alguém ligado nos 220 volts em iogue seguidor do zen-budismo. Na consulta, expliquei o que a medicação realmente seria capaz de fazer. Ela não transforma a personalidade de ninguém (ainda bem!), nem faz a ansiedade desaparecer por completo. Até porque a ansiedade, a princípio, tem poder mobilizador: ela nos ajuda a nos mexer quando estamos ameaçados. Logo, não podemos acabar com toda e qualquer ansiedade. Os remédios, quando ajudam, o fazem porque aliviam picos de ansiedade, nos tirando da paralisia decorrente dos extremos de desespero.

Se, nessa consulta, eu seguisse um protocolo, teria que mudar dosagens ou associar outras formas de tratamento, mas suspeitei que talvez isso fosse precipitado. Não sugeri mudar nem o remédio, nem a dosagem. Mesmo sem qualquer mudança da medicação ou da combinação com outros tratamentos, essa paciente relatou se sentir bem melhor da ansiedade nas semanas seguintes. Como esse foi um caso isolado, é difícil saber quem foi responsável pela melhora. No entanto, é improvável que tenha sido um efeito maior da substância que a paciente já consumia havia quatro meses. O mais plausível é que uma expectativa mais realista sobre o efeito do remédio a tenha ajudado a se beneficiar mais dele, ou seja, uma característica do tratamento que independe da substância em uso. Nessa história, não foi o remédio que mudou, mas a relação com o remédio e com quem o recomendou.

Não posso deixar de mencionar, no entanto, que o efeito placebo é complexo e esse é apenas um dos aspectos que ele pode ter.[7] Alguns fatores modulam a intensidade da melhora, como a força dos efeitos colaterais, o custo do tratamento, o cenário (remédios administrados no hospital podem ter mais efeito do que os mesmos remédios administrados em casa), a influência de colegas e familiares que relatam melhora com o mesmo tratamento, a identificação com o modelo de tratamento (pessoas mais simpáticas à medicação vão se beneficiar mais de medicação, enquanto pessoas mais simpáticas à terapia vão se beneficiar mais dela) etc. O efeito placebo é um saco de gatos que contém muitas variáveis resultantes de bilhões de anos de história que nos fizeram ser quem somos hoje.

Ele, inclusive, está por todo lado. Está na sofisticação dos rituais, na repetição, na autoridade atribuída aos gurus e mestres, na antiguidade das tradições, no discurso e em milhares de outros lugares. Dentro ou fora do contexto médico, quando criamos cenários e desenhamos rituais, na maior parte do tempo, não estamos enganando os desavisados. Estamos, na verdade, construindo um sentido, uma narrativa. Algo que organize a nossa relação com a doença e com a morte e que nos faça sentir que estamos fazendo alguma coisa para melhorar.

É fato que o efeito placebo não cura doenças incuráveis. Não há casos de cura com o efeito placebo de escorbuto, tumores malignos avançados, demências degenerativas, insuficiência renal crônica, infecções por agentes resistentes a antibióticos, envenenamento por substâncias letais, obstruções do intestino, para dar alguns exemplos. Mas nem por isso o complexo desses efeitos deixa de ser poderoso. Todos nós conhecemos isso na pele, pois sabemos que nos sentiremos melhor se formos bem tratados. A ciência por trás do tratamento continua a mesma, mas o efeito é modulado pelo cenário no qual ela é aplicada. Aqueles que usam o efeito placebo para patentear hastes de metal, vender pílulas de farinha ou "provar" que tratamentos improváveis e potencialmente danosos funcionam são os vilões, não o efeito que nunca quis fazer mal a ninguém... muito pelo contrário.

E agora que sabemos como os remédios podem ser testados e ter sua eficácia comprovada, podemos resgatar um trecho importante da história da psiquiatria: a descoberta dos efeitos dos antidepressivos.

O nascimento dos antidepressivos

> *A evolução da linguagem, inclusive a linguagem descritiva elementar, é parte da ciência tanto quanto a evolução das leis e teorias. Não existe algo como uma descrição pura e simples, e um aspecto fundamental do conceito de objetividade científica está, portanto, em risco.*
>
> Thomas S. Kuhn[1]

Até o século 20, a farmacopeia (conjunto de todos os remédios existentes) contava com algumas dezenas de substâncias com efeito terapêutico comprovado. O quinino já havia sido reconhecido e podia ajudar no tratamento da malária, a aspirina era usada para febre, a morfina era conhecida pelos seus poderes contra a dor, e também contávamos com alguns anestésicos locais, como a benzocaína e a cocaína, e com alguns estimulantes derivados de anfetamina. Exceto pelo sucesso do quinino como antimalárico, efeito que não era amplamente compreendido, nessa lista não constavam remédios que revertessem doenças frequentemente fatais, como pneumonias, meningites, gangrenas, vasculites, tromboses, tumores malignos, tuberculose, lúpus etc. Em resumo, havíamos conseguido evoluir em relação ao tratamento para dor e desenvolver anestésicos que permitiam a realização de procedimentos cirúrgicos, mas continuávamos sendo dizimados por bactérias, vírus, doenças inflamatórias ou hormonais e tumores malignos nos órgãos internos.

Na primeira metade do século 20, esse cenário de baixa eficiência curativa dos remédios começou a se transformar. Em poucas décadas, a farmacopeia acumulou novas drogas e passou a contar com tratamentos que salvavam vidas antes condenadas. O diabetes das crianças e adolescentes, considerado irremediável e fatal até 1922, passou a ser tratado com insulina. As pneumonias, gangrenas e infecções generalizadas puderam ter seus desfechos trágicos revertidos com a introdução da penicilina em 1928 e das sulfas a partir de 1936.

Entre 1930 e 1960 tivemos o que ficou conhecido como a era de ouro da farmacologia.[2] Nesse período isolamos ou sintetizamos, em velocidade recorde, vitaminas, hormônios, antialérgicos, antibióticos e remédios com efeito no cérebro. Essa evolução foi possível porque o avanço do conhecimento a respeito das estruturas químicas facilitou o isolamento de substâncias existentes na natureza, assim como o desenvolvimento de novos processos de síntese em laboratório, capazes de criar substâncias com potencial terapêutico. Quanto maior o número de substâncias disponíveis, maior a chance de encontrar remédios eficientes entre elas.

Os químicos estavam eufóricos com a descoberta de remédios muito potentes, além de substâncias úteis ao avanço industrial. Quando eles encontravam ou sintetizavam alguma que parecia funcionar para certo fim, partiam para a síntese de todas as variações possíveis daquele composto. Trocavam um radical aqui, incluíam um átomo de hidrogênio ali, um cloro acolá e... *voilà*! Tinham uma nova substância. Com tantas novas moléculas, os pesquisadores passaram a ter um problema: como descobrir para que elas serviriam, se é que serviriam para alguma coisa?

Quando era criada uma variante de alguma substância com poder, por exemplo, anestésico ou antialérgico, essa nova molécula era então usada em animais não humanos. Na maior parte dos experimentos, eram os camundongos que faziam as vezes de cobaias de laboratório, mas podiam ser também macacos ou cachorros. Os testes em animais visavam determinar se era seguro partir para as pesquisas em humanos, e, para isso, bastava que poucas dezenas de cobaias de laboratório sobrevivessem.

Com a sobrevivência dos bichanos, tendo uma vaga noção de possíveis efeitos e doses suficientes para produzi-los, partia-se para os testes em humanos. E é neste ponto que a coisa fica interessante, porque os primeiros a testar as drogas eram exatamente os pesquisadores que as tinham sintetizado. Havia até certa justiça poética: quem poderia receber os louros corria o risco que implicava ser a primeira cobaia humana. Hoje, isso não é mais uma prática comum: abandonamos a justiça poética em prol da eficiência.

Mas ainda no período lírico das novas drogas, a euforia farmacológica chegou aos manicômios. Quando os químicos procuravam por remédios com efeitos sedativos, eles produziram, por acidente, o primeiro antipsicótico — a clorpromazina.[3] A partir de então, os psiquiatras embarcaram numa corrida para encontrar mais opções de tratamento farmacológico para os internados nos hospícios. Foi produzida uma dezena de antipsicóticos a partir da clorpromazina, mas alguns dos compostos criados acabaram surpreendendo os pesquisadores ao se mostrarem eficientes nos tratamentos de outras condições.

O primeiro registro de uma substância com possível efeito antidepressivo se deu em 1952, numa pesquisa supervisionada pelo psiquiatra Roland Kuhn,[4] no hospital psiquiátrico de Münsterlingen — um pacato vilarejo suíço à beira do lago de Constança, com uma linda vista para a fronteira ocidental com a Alemanha, procurado até hoje pelos turistas nos meses de calor. A brisa úmida do lago torna o clima ameno e agradável, o que, segundo o imaginário popular da época, era bom não só para o turismo, mas também para tratar a loucura.

Kuhn estava em busca de uma alternativa potencialmente mais barata para o tratamento da psicose do que a clorpromazina e resolveu testar uma variante próxima de sua molécula. Tratava-se da imipramina (o composto G22355), que hoje é um antidepressivo amplamente conhecido. Kuhn então trocou o remédio de uma parte dos internos que já faziam uso da clorpromazina para o G22355, ao mesmo tempo que medicou todos os recém-admitidos com essa nova droga. Em pouco tempo, já eram trezentos pacientes tratados com a substância, os quais hoje teriam uma dezena de diagnósticos psiquiátricos diferentes. Nesse período, os hospitais psiquiátricos eram bastante movimentados e ninguém entendia que era preciso perguntar aos pacientes se eles aceitavam participar dos estudos com medicamentos. Além disso, ainda estávamos distantes do tempo das centenas de diagnósticos compondo os manuais diagnósticos estruturados. Para os psiquiatras de manicômio, a impressão clínica que eles tinham dos seus pacientes era o principal critério para escolher o tratamento para cada um.

De início, parte considerável dos pacientes manifestou uma melhora de humor, saindo de estados de desânimo. Logo, porém, a melhora conduziu-os à euforia e à mania (estados de agitação e desinibição do comportamento). Alguns deles começaram a piorar e sofreram exacerbação em seus delírios. Até que, numa fatídica noite de outono, o pequeno povoado foi alvoroçado por um paciente fujão. Não restaram registros de quem teria sido o agitador, mas há relatos de que um paciente escapou do hospital no meio da noite, de pijama, roubou uma bicicleta e foi pedalando até a cidade enquanto cantava a plenos pulmões, o mais alto que conseguia, para todos escutarem.[5]

O tal paciente devia estar muito feliz, então os médicos concluíram que era felicidade demais e decidiram interromper os testes. O G22355 definitivamente não servia como antipsicótico, e, naquele momento, a ideia de que poderia haver um remédio com efeito antidepressivo ainda soava estranha. Kuhn até notou que poderia haver ali um efeito euforizante, mas optou por esperar antes de se lançar em um novo teste do medicamento.

Ao mesmo tempo que a imipramina dava os primeiros sinais de que poderia tratar algo como a depressão, começaram a aparecer outros relatos que sugeriam potenciais remédios para o tratamento da depressão. A isoniazida, por exemplo, que já havia sido lançada como um remédio para tuberculose, resultava em uma melhora do humor. Só que, por relatos de efeitos colaterais intensos e falta de interesse econômico, ela não chegou a ser amplamente comercializada como antidepressivo.

Apesar dos registros de efeitos antidepressivos já começarem a se acumular naquela época, é importante mencionar que a visão que se tinha da depressão era bastante diferente da que temos hoje. Até a década de 1960, os quadros depressivos eram considerados doenças raras e eram divididos, em linhas gerais, entre endógenos, potencialmente relacionados à constituição biológica, e reativos, que seriam secundários às situações de vida.[6] Os quadros endógenos — vistos como os que tinham maior potencial de responder aos tratamentos biológicos — eram considerados ainda mais raros que os quadros depressivos no geral. Assim, naquele momento, não se imaginava que medicações com efeitos antidepressivos fossem capazes de produzir uma revolução terapêutica em larga escala.

Por isso, os registros de melhora de humor entre internos de hospícios demoraram a convencer os médicos e a indústria de que essa era uma pesquisa que valia a pena. No entanto, Kuhn acabou convencido e voltou à cena, realizando um novo estudo que comprovou efeito antidepressivo da imipramina em outros pacientes. Apesar de seus resultados terem sido confirmados em seguida, esse estudo original de Kuhn com a imipramina não seguia os critérios aplicados atualmente. Quarenta anos depois da publicação do artigo de Kuhn sobre a imipramina, ele reiterou ter aplicado um critério próprio para reconhecer os deprimidos que receberiam a imipramina e não ter se baseado em medidas objetivas de gravidade da depressão. Ele confiou nas suas anotações de observações quase diárias de todos os pacientes e nos comentários dos funcionários do hospital. Mas mesmo com o que hoje seriam consideradas graves limitações metodológicas, o trabalho de Kuhn foi suficiente para a imipramina ganhar seu espaço na farmacopeia e ser lançada no mercado em 1958.

Quase simultaneamente ao lançamento da imipramina, do lado de cá do Atlântico, outro remédio para tuberculose, chamado iproniazida, também demonstrou ter efeito antidepressivo e atraiu a atenção dos psiquiatras. A notícia chegou ao psiquiatra Nathan Kline, que já alimentava a ideia de que, se um remédio (a clorpromazina) havia sido capaz de reduzir os sintomas de psicose, deveria haver outras substâncias capazes de combater a falta de energia típica dos quadros depressivos sem produzir os efeitos colaterais característicos das anfetaminas (que nessa época já eram usadas como estimulantes). Quando os testes em pacientes e a própria experiência pessoal comprovaram sua teoria, Kline passou a ser um grande incentivador do seu uso. No entanto, a iproniazida está associada a efeitos colaterais graves, com uma frequência maior do que seria aceitável, e foi retirada do mercado pela sua toxicidade alguns anos depois de seu lançamento.

Não é exagero dizer que a clorpromazina e a imipramina iniciaram uma grande revolução terapêutica. A psiquiatria foi um produto dos manicômios, nascida no final do século 18, com o propósito de criar uma ciência médica para tratar os internados em grandes hospitais — confinados muitas vezes por toda a vida, por não se adaptarem ao convívio social, e padecendo de grandes agitações e delírios. A passagem do sanatório para o consultório ocorreu cerca de um século depois. Dessa vez, no lugar dos cronicamente enlouquecidos nos asilos, os pacientes preferenciais foram os chamados, em linhas gerais, de neuróticos.

Com o surgimento de antipsicóticos e antidepressivos, o movimento que vinha deslocando o eixo central da psiquiatria clínica dos hospícios para os consultórios ganhou um empurrão adicional. Nos consultórios, os quadros menos graves eram muito frequentes, e tratamentos para essa população precisavam ser desenvolvidos para que os psiquiatras tivessem mais ferramentas para ajudá-la. Diversas formas de psicoterapia já existiam e demonstravam bons resultados. E agora, depois de alguma hesitação, as medicações podiam ser adicionadas ao arsenal de tratamentos disponíveis. Além disso, os antipsicóticos, assim como políticas de desencarceramento, estavam esvaziando as grandes instituições asilares, diminuindo a importância dos psiquiatras que se notabilizaram como dirigentes dos manicômios, obrigando-os a migrar suas carreiras para fora da instituição.

Os psiquiatras, no entanto, ainda precisavam se esforçar para se provar científicos, de modo a ganhar o respeito dos médicos de outras especialidades. A psicofarmacologia — a ciência dos remédios para a cabeça — oferecia uma oportunidade ímpar de turbinar a ciência por trás da depressão. Já que não encontravam lesões visíveis nos cérebros dos deprimidos, alguma outra coisa devia estar errada — e, naquele momento, não existia melhor pista do que os remédios para descobrir de onde o sintoma vinha. Parecia lógico que, se um medicamento era eficaz, ele devia estar consertando algum distúrbio. Para saber qual era esse distúrbio, bastaria então desvendar como o remédio funcionava. Como vimos nos capítulos anteriores, há um grande problema nessa lógica, pois os resultados dos ensaios clínicos independem de por que os remédios funcionam. Porém, na ausência de outras pistas quanto à origem da depressão, era muito tentador não ceder à tentativa de explicá-la a partir do efeito dos remédios.

Os resultados dos estudos com imipramina e iproniazida, somados à esperança de tornar a psiquiatria mais científica, deram grande impulso ao desenvolvimento dos antidepressivos. A imipramina e a iproniazida foram seguidas de outros compostos com efeitos semelhantes. O sucesso terapêutico dos antidepressivos fez com que, no intervalo de duas décadas, entre 1950 e 1970, a compreensão predominante entre os psiquiatras — "depressão é uma doença rara que, a não ser em casos endógenos, não se deve tratar com remédios, porque não é um problema químico" — fosse gradualmente sendo substituída por "depressão se trata com remédios e, portanto, deve ser um problema químico".

Foi nesse momento também que surgiram as primeiras hipóteses sobre alterações químicas no cérebro, até hoje amplamente difundidas, e, como já se sabe, não comprovadas, entre neurotransmissores e depressão. Isso porque a imipramina atua bloqueando a recaptura dos neurotransmissores serotonina e noradrenalina, enquanto a iproniazida é um IMAO (inibidor da monoamino oxidase). Como IMAO, a iproniazida bloqueia a enzima que degrada as monoaminas, entre elas a noradrenalina, a serotonina e a dopamina.

Dado que tanto IMAOs quanto tricíclicos como a imipramina produzem melhora do humor, parecia não haver nada mais natural que concluir que as tais monoaminas, especialmente as chamadas noradrenalina e serotonina, tinham algo a ver com o motivo de as pessoas ficarem deprimidas. Daí surgiram o que chamamos de hipóteses monoaminérgicas da depressão.[7] E são hipóteses, no plural, porque os pesquisadores se dividiram entre aqueles que acreditavam na deficiência de noradrenalina e aqueles que acreditavam na deficiência de serotonina como causa principal da depressão. E essa era uma disputa polarizada, como se acreditar em uma hipótese, automaticamente excluísse a possibilidade de a outra também ser válida.

Tanto remédios que aumentam a neurotransmissão serotonérgica quanto os que aumentam a noradrenérgica têm efeito antidepressivo comprovado, o que poderia indicar que todos estavam certos. No entanto, a ausência de deficiência tanto de serotonina quanto de noradrenalina no cérebro dos deprimidos, a eficácia apenas parcial dos antidepressivos e inconsistências em relação aos efeitos de substâncias que bloqueiam serotonina ou noradrenalina derrubaram ambas as hipóteses, noradrenérgica e serotonérgica. Não só as monoaminas não são a causa da depressão como o efeito dos antidepressivos sobre elas não explica como essas drogas alteram o humor. Hoje, aceitamos o fato de que o que quer que seja que os antidepressivos fazem, é muito mais complexo do que um simples aumento de disponibilidade de neurotransmissores. Isso significa que, no frigir dos ovos, não havia lado certo.

Na década de 1980, os resultados da disputa pelo controle da serotonina e da noradrenalina chegaram às farmácias. Foi a partir dessa época que tivemos uma sequência de lançamentos de antidepressivos que haviam sido construídos artificialmente, e não encontrados de maneira acidental. Esses são os novos antidepressivos, dos quais os inibidores seletivos da recaptura de serotonina (fluoxetina, sertralina, paroxetina, fluvoxamina, citalopram e escitalopram) são os mais conhecidos. Hoje, temos inibidores seletivos da recaptura de serotonina, inibidores seletivos da recaptura de noradrenalina (são exemplos dessa família a Atamoxetina e a Reboxetina) e os diplomáticos inibidores seletivos da recaptura de serotonina e noradrenalina (são exemplos dessa família a Venlafaxina, a Desvenlafaxina e a Duloxetina), graças ao Fla × Flu da ciência sobre a depressão.

Os inibidores seletivos da recaptura, como o próprio nome sugere, são mais seletivos em suas ações que os tricíclicos e, por isso, apesar de terem efeitos que se sobrepõem, são considerados classes separadas e independentes dos tricíclicos. O ganho em seletividade nos garantiu mais segurança e menos efeitos colaterais. Os inibidores seletivos têm potencial muito menor de induzir arritmias malignas, são seguros para pacientes com glaucoma e afetam menos o funcionamento intestinal. Assim, puderam ser considerados para um número maior de pessoas. O uso dos antidepressivos seletivos extrapolou o nicho dos deprimidos graves e alcançou um contingente cada vez maior de pessoas, garantindo uma expansão bastante lucrativa do mercado consumidor. Foi com os inibidores seletivos que começou a mudança do nosso cenário de remédios poderosos, porém de uso reservado. Esses remédios atravessaram o imaginário cultural e modificaram não só o curso da depressão como também a nossa visão sobre a doença e a psiquiatria.

Ao mesmo tempo que doenças como a depressão e diversos transtornos de ansiedade eram consideradas cada vez mais comuns e tratáveis com remédios, a tecnologia de pesquisa abria cada vez mais possibilidade para a investigação das origens biológicas de sintomas depressivos e ansiosos.

Aplicando métodos de pesquisa cada vez mais sofisticados, os psiquiatras passaram as décadas seguintes procurando desesperadamente por um desequilíbrio químico. Mensuraram tudo o que era possível no sangue e no líquido que circundava o cérebro dos deprimidos. Esgotadas essas possibilidades, usaram as ferramentas que vieram com a evolução da genética para procurar por variações genéticas que justificassem potenciais desequilíbrios químicos. Não satisfeitos, partiram para métodos ainda mais sofisticados, capazes de avaliar os receptores de certos neurotransmissores ou o recrutamento de regiões cerebrais específicas durante a execução de uma tarefa. Mediram e classificaram tudo que foi possível. Viraram os pacientes do avesso, de todas as formas conhecidas. Produziram dezenas de milhares de artigos científicos. E, depois de todo esse esforço, veio a decepção. A maior parte do que encontraram era inconsistente ou contraditória.

Nem sempre o que os cientistas acreditam ser o melhor, como defender uma teoria biológica, seja com o intuito de reduzir o preconceito em torno de um transtorno mental, seja para aprimorar tratamentos, tem apenas consequências positivas. Reduzir tudo ao funcionamento do cérebro obscurece outras fontes importantes de impasses e conflitos: pressões sociais, situações de ameaça à sobrevivência, mudanças climáticas, vivências de racismo e privação, opressão política, ausência de suporte comunitário ou familiar, regimes de trabalho exaustivos, cerceamento das liberdades, aglomerações urbanas precárias, migrações forçadas, solidão extrema, entre outros. E esses são só alguns exemplos de estressores que não podem ser resolvidos com a manipulação dos neurotransmissores. Nem era essa a expectativa inicial daqueles que deram os primeiros passos na história da psicofarmacologia. Mas a criatura não seguiu os passos previstos pelos seus criadores, e aqui estamos nós, nos esforçando para desmistificar a psiquiatria, ou aquilo em que ela se transformou a partir dos efeitos dos remédios, além de reiterar que não é intensificando a busca por problemas no cérebro que encontraremos as soluções para todos os males. No entanto, essa certamente não era a visão que imperava nas décadas de 1980 e 1990, quando a euforia farmacológica teve seu auge.

Remédios para depressão sob suspeita

> *Em toda parte vemos conceitos específicos de doenças sendo usados para gerenciar desvios, racionalizar políticas de saúde, planejar cuidados médicos e estruturar as relações de especialidades dentro da profissão médica. E nem mencionei as inúmeras ocasiões em que intervenções e expectativas clínicas alteraram a trajetória de vidas individuais.*
>
> Charles Rosenberg[1]

Entre 1988 e 1998 foram lançados nos mercados estadunidense e europeu uma série de inibidores seletivos da recaptura de serotonina. Algumas dessas substâncias, como o Prozac (nome original da primeira marca de fluoxetina), o Zoloft (nome original da primeira marca de sertralina) e o Paxil (nome original da primeira marca de paroxetina), foram sucessos avassaladores de vendas, o que lhes rendeu o título de *blockbusters*. Essas não são medicações particularmente potentes, mas estavam no lugar certo na hora certa e receberam incentivos de marketing bem-sucedidos. A fluoxetina foi aprovada em 1987 e lançada no mercado estadunidense com o nome Prozac em 1988. Em questão de meses, o Prozac ultrapassou o número de prescrições dos demais antidepressivos usados já havia muitos anos. Ele ganhou o coração dos médicos prescritores pela sua aura de segurança e pelos poucos efeitos colaterais quando comparado aos seus irmãos mais velhos, que podiam secar a boca, aumentar o suor, frear o funcionamento dos intestinos, causando desconforto e constipação, piorar a evolução do glaucoma e eventualmente causar arritmias potencialmente letais; alguns antidepressivos, inclusive, podiam até requerer dietas restritivas para não provocar crises graves de pressão alta.

Diante disso, não foram só os corações de médicos e pacientes que conheceram o charme do medicamento: na década de 1990 o nome Prozac ganhou status de palavra no vocabulário popular.

Livros que figuraram entre os mais vendidos tinham o nome em seus títulos, como *Nação Prozac*, escrito pela jovem paciente Elizabeth Wurtzel, ou *Ouvindo o Prozac*, do psiquiatra clínico Peter D. Kramer. Nenhum dos antidepressivos mais antigos, como a tranilcipromina, a imipramina, a clomipramina, a maprotilina, a desipramina ou a nortriptilina, havia chegado na boca do povo como o fizeram tão ostensivamente o Prozac, o Zoloft e o Paxil.

O argumento desses livros era que estávamos diante de remédios com o potencial de tornar as pessoas melhores. Elizabeth Wurtzel conta sua experiência pessoal com o tratamento psiquiátrico com remédios e como eles modificaram sua vida. Ela era uma antes das medicações e se tornou outra depois. Segundo ela, era difícil lembrar como havia sido viver sem esse recurso. A transformação pela qual havia passado merecia ser documentada. Na mesma época, representando o ponto de vista dos psiquiatras, Peter D. Kramer descreveu casos de pacientes que relatavam ter se tornado mais assertivos e seguros com a medicação. Pessoas que se sentiam incapazes e incompetentes e que passaram a funcionar de forma resolutiva e eficiente. Efeitos que pareciam ir além da resolução dos sintomas depressivos e ansiosos, que aparentavam mudanças de personalidade.

Naquele momento, Kramer cunhou o termo "psiquiatria cosmética" para designar o que poderia vir a ser o uso dos antidepressivos não com o objetivo de aliviar sintomas de uma doença depressiva ou ansiosa, mas para melhorar o desempenho e a sensação de segurança de pessoas saudáveis. Esse termo apareceu como motivo de preocupação. Seria ético fazer o uso de uma medicação para melhorar o desempenho e dessa forma privilegiar aqueles com acesso a esse tipo de intervenção? Além disso, um remédio com essa capacidade soava bom demais para ser verdade. Uma pílula da inteligência num filme de ficção científica.

Hoje, sabemos que essas reações iniciais foram um tanto eufóricas. Quando se vive anos com depressão ou ansiedade, uma melhora do peso da melancolia ou da aceleração da ansiedade pode parecer um milagre, pode deixar a sensação de que algo muito incrível acabou de acontecer. No contraste entre o que ocorreu até algumas semanas atrás e o sentimento atual, podemos nos perguntar como foi possível viver tão mal por tanto tempo. Por alguns instantes, podemos ter a sensação de que tudo foi resolvido. No entanto, a passagem do tempo costuma nos fazer relativizar a empolgação inicial, porque a vida continua cheia de desafios mesmo sob efeitos dos antidepressivos.

Há alguns anos acompanho um paciente que ilustra bem a questão, pois ele vive na pele os altos e baixos dos efeitos de um novo tratamento. Quando ele chegou, já havia procurado diversas formas de tratamentos alternativos e feito acompanhamento com médicos de outras especialidades. Já tinha tomado diversos remédios naturais e alguns convencionais, prescritos para o controle de enxaqueca e do apetite, mas nunca havia tido contato com um antidepressivo. Na primeira consulta ele se apresentou intensamente ansioso, muito falante, até ofegante, e descreveu se sentir tão preocupado que simplesmente não conseguia parar de pensar (como se isso fosse possível), ou mesmo ter um pensamento de cada vez (o que faz mais sentido).

Ao fazer uso de antidepressivo por algumas semanas seguidas ele obteve melhora da ansiedade e retornou maravilhado, apaixonado pelo novo tratamento. Segundo ele, a vida estava muito melhor, ele conseguia prestar atenção nas conversas que tinha no trabalho, porque agora era possível pensar em uma coisa de cada vez e não ser atropelado o tempo todo por preocupações futuras. O enamoramento durou algumas semanas. Na consulta seguinte já apareceram outras queixas, problemas que sempre existiram, mas que haviam ficado de lado frente a uma ansiedade quase incapacitante. O mesmo resultado excepcional apareceu quando tentamos outra associação de medicamentos para ajudar com a qualidade do sono. Num primeiro momento, ele ficou maravilhado com a capacidade de dormir uma noite inteira, mas, algumas semanas depois, já estava habituado a esse efeito e trazia novas preocupações. Esse fenômeno associado ao início da experiência com antidepressivos, que para alguns parece um momento mágico, é comum nos consultórios dos psiquiatras. É o mesmo efeito que muitos de nós já vivemos quando uma dor causada por algo que comprime uma parte do nosso corpo é interrompida. Por exemplo, quando usamos um sapato apertado que não podemos tirar porque a situação social não permite. Assim que chegamos em casa e nos livramos do sapato torturador, ascendemos ao paraíso. Pouco tempo depois, no entanto, outros problemas aparecem e nossa atenção se direciona para outras queixas e outros incômodos. O alívio de não estar mais com os pés esmagados continua sendo real, ele só perdeu espaço para outras questões do contexto porque deixou de ser tão premente.

Ao contrário do que pensavam aqueles que temiam o uso cosmético dos antidepressivos, os inibidores seletivos da recaptura de serotonina não modificam a sociedade a ponto de eliminar a insegurança e a melancolia da experiência humana.

Muito menos melhoram o desempenho de pessoas saudáveis. O que esses remédios são capazes de fazer é amenizar alguns sintomas de depressão e ansiedade que podem ser prejudiciais em situações específicas. Foram necessárias duas décadas para descobrirmos que os inibidores seletivos são medicações limitadas, que ajudam muitos deprimidos, mas não todos, e que auxiliam no controle de muitos sintomas depressivos e ansiosos, mas não acabam com toda e qualquer forma de sofrimento emocional.

Se na década de 1990 o medo era de estarmos diante de uma substância superpoderosa, no final dos anos 2000 a preocupação era se estaríamos diante de medicamentos pouco eficientes. Essa transição tão rápida só pode ser explicada pela bolha de expectativa criada com o auxílio da indústria farmacêutica, que associou os antidepressivos a famílias felizes com roupas esvoaçantes correndo em praias ensolaradas.

Vinte anos depois do lançamento do Prozac, em 2008, a *New England Journal of Medicine*, uma das revistas mais respeitadas da área médica, publicou um artigo de Turner e colaboradores questionando o efeito da publicação seletiva por parte da indústria farmacêutica, que dava preferência aos textos com achados que confirmassem a eficácia dos remédios e mantinha os resultados negativos na gaveta.[2] A essa publicação se seguiu um comentário na revista *Journal of the American Medical Association (JAMA)*, de autoria da médica Marcia Angell, com um temor marcadamente antagônico ao levantado pela geração Prozac.[3] Angell, que não é psiquiatra, estava chocada com o que ela considerava a falta de confiabilidade nos resultados de estudos financiados pela indústria farmacêutica e passou a se posicionar vocalmente contra as práticas dessa indústria.

Naquele mesmo ano, a controvérsia sobre a influência da indústria farmacêutica alcançou a psiquiatria. O professor e psicólogo Irving Kirsch, pesquisador das complexidades do efeito placebo, publicou com colaboradores, na rigorosa revista *PLoS Medicine*, um artigo avaliando a base de dados com todos os estudos com antidepressivos já registrados no órgão de controle estadunidense (FDA) e concluiu que muitos estudos que falhavam em demonstrar o efeito dos antidepressivos nunca tinham sido publicados.[4] Consequentemente, quem se baseasse na literatura médica teria a impressão de que a grande maioria dos estudos provava o efeito positivo dos remédios antidepressivos, quando, na verdade, apenas metade dos estudos tinha resultados positivos, isto é, muito maiores que o efeito placebo.

O artigo resultou de um trabalho sério, baseado em dados confiáveis, escrito por autores de boa reputação e publicado numa revista bem respeitada. Suas conclusões não indicavam que os remédios não funcionavam, mas diminuíam a estimativa de melhora relacionada ao uso dos antidepressivos. Os pesquisadores defendiam que, se o efeito dos antidepressivos era menor do que poderíamos estimar só pelos estudos publicados, ele seria pouquíssimo maior que o efeito placebo. Além disso, sabendo-se que os efeitos colaterais podem potencializar o efeito placebo, as drogas ativas sempre teriam efeito um pouco maior que o placebo, mesmo que não tivessem nenhum específico sobre a doença. Segundo esse argumento, ficaria difícil justificar o uso de antidepressivos em muitos dos casos para os quais eles estavam sendo usados.[5]

Médicos de outras especialidades comentaram os resultados de Kirsch e se mostraram estupefatos com o que lhes pareceu ser uma prova da baixa eficiência dos antidepressivos.[6] Em 2011, Marcia Angell publicou uma resenha na *The New York Review of Books* (traduzida para o português pela revista *piauí*)⁷ que parecia destinada a mudar completamente a nossa compreensão sobre o tratamento farmacológico da depressão. Parecíamos estar diante da prova de que tratar depressão com remédios não passava de um grande equívoco. Por um instante, com base na repercussão inicial, parecia o fim do tratamento farmacológico para esse mal cada vez mais frequente na população de todo o mundo — e cada vez mais medicalizado. Uma bala de prata que enterraria cinquenta anos de desenvolvimento farmacológico.

Porém, apesar de os números do estudo de Kirsch serem de fato aqueles, demonstrar que os resultados dos remédios antidepressivos não são tão bons quanto parecem não é a mesma coisa que dizer que eles não existem. E essa é uma discussão que merece ser levada a sério. Antes de elaborar a interpretação dos resultados dos ensaios clínicos, no entanto, cabe lembrar que a psiquiatria não é uma especialidade médica igual a todas as outras.

Há muitos anos acompanho um paciente com uma longa história de ansiedade. Os sintomas dele envolvem inúmeras questões familiares e flutuam conforme a novela familiar se desenrola. Quando ele perdeu a mãe por uma doença degenerativa, os sintomas pioraram de maneira abrupta, crises de pânico o assolaram diariamente e uma insônia crônica se estabeleceu, descrita por ele como desesperadora. Foram meses até conseguir alguma melhora. O tratamento farmacológico foi sendo construído ao longo de muitos anos com base no que poderia trazer alguma melhora sintomática e no que o paciente tolerava. No entanto, como esse paciente também tinha muitos problemas de saúde física e poderia ter pioras importantes por conta de efeitos colaterais da medicação, essa construção foi feita de forma muito cuidadosa. Ao mesmo tempo, os sintomas de ansiedade eram realmente limitantes e não era possível ficar indiferente e não buscar todas as alternativas viáveis e sensatas para trazer algum conforto.

Em dado momento desse processo, o paciente começou a ter várias complicações clínicas e consultou vários colegas de outras especialidades. Alguns deles, muito comovidos com os sintomas do paciente, me contataram. Eles estavam indignados com o fato de eu não estar usando essa ou aquela medicação psiquiátrica, que para eles claramente resolveria o problema. Como assim o paciente não tomava um remédio capaz de diminuir tamanha insônia? Como assim ele não estava com vários ansiolíticos? No momento desses questionamentos, o paciente em questão tomava quatro medicações diferentes, todas nas doses máximas recomendadas. Todas direcionadas para insônia crônica ou ansiedade, todas com forte evidência de eficácia. Eram as quatro possibilidades com o perfil de efeitos colaterais que atrapalhava menos a questão clínica. Quatro medicações simultâneas já é muito mais do que eu costumo achar razoável. Nesse caso, só cheguei a esse número percorrendo um longo caminho e tentando todas as alternativas não farmacológicas possíveis em conjunto com a medicação. Além disso, esse paciente estava muito melhor do que no início do tratamento. Ele havia começado o tratamento sem conseguir sair de casa, a não ser para ir ao pronto-socorro com medo de morrer durante suas crises de pânico, fazia uso abusivo de calmantes e analgésicos, e tinha como única atividade social vasculhar as redes sociais procurando histórias que comprovassem sua teoria de que todos no mundo tinham vidas melhores que a sua. No momento relativo a essa história, ele não tomava mais calmantes, fazia uso de analgésicos conforme orientação médica, tinha retomado uma atividade artística, concluído a faculdade e se reestabelecido socialmente. Mas, mesmo melhor, ele ainda descrevia sintomas de ansiedade que, para os desavisados, pareciam intoleráveis.

Um dos colegas que o atenderam estava particularmente inconformado. Ele achava que, já que havia remédios para ansiedade, era inadmissível que o paciente ainda estivesse ansioso depois de anos de tratamento. Ele tinha certeza de que eu havia feito um péssimo trabalho. Quando contei para esse colega que o paciente usava essas quatro medicações em dose máxima e que todas que o colega conhecia como tratamento de ansiedade e insônia ou já tinham sido tentadas ou traziam efeitos colaterais incompatíveis com outras doenças do paciente, ele chegou à conclusão de que a única explicação possível era que o paciente não devia estar tomando as medicações. Para ele, se o paciente estava com o melhor tratamento farmacológico possível para ansiedade, ele não podia estar ansioso. Simples assim.

O curioso é que, se eu contasse essa mesma história para outro psiquiatra, ele daria de ombros. Para nós, psiquiatras, é um lugar-comum. Um caminho de tentativas e pequenos ganhos, sempre pautado pela revisão das expectativas, flutuando conforme se desenrola o drama da vida comum e da novela familiar. No caso do colega indignado, eu contei que realmente havia uma piora recente, mas que ela tinha sido causada por um coração partido e que o processo de luto pelo relacionamento ainda estava em curso. Pelo silêncio do colega do outro lado da linha, de início fiquei sem saber o que ele tinha achado dessa minha observação. O paciente depois me contou que ele havia sugerido que ele procurasse outro psiquiatra. Concluí que o colega permanecera indignado.

Parte da medicina funciona bem com a lógica de ouvir os sintomas, levantar hipóteses diagnósticas, confirmar ou não com o exame físico e resultados laboratoriais, estabelecer o tratamento e observar a resposta. Se você está com dor de garganta e febre, vai ao otorrinolaringologista, que suspeita de amigdalite, confirma as amígdalas aumentadas e com pus no exame físico, inicia o antibiótico e confirma se você melhorou depois de cinco dias. Se você não melhorou, ele troca o antibiótico. Nesse caso, se você for com a mesma dor de garganta a outros otorrinolaringologistas, todos provavelmente farão algo muito semelhante. Nessa situação existe um agente provável, uma bactéria causando uma infecção nas amígdalas, que possivelmente é sensível a algum tipo de antibiótico e que ninguém tem dúvida de que deve morrer com o remédio, sem ele ou apesar dele. Para concluir qual é o diagnóstico, pouco importam os detalhes da sua vida pessoal.

Agora, se você está triste e vai ao psiquiatra, não é certo que a primeira suspeita seja de depressão. Tristeza não é só um sintoma, também é um sentimento comum da vida, uma reação esperada face a certas experiências. Se você tiver acabado de perder um cachorro companheiro de muitos anos, ou de romper um relacionamento, ou de perder o emprego de forma inesperada, ou de ser traído, ou... Enfim, o que acontece na sua vida importa. Se, ao final de uma consulta psiquiátrica, o médico não souber com quem você mora, como você se relaciona com as pessoas mais importantes à sua volta, como é a sua rotina, se você gosta ou não do que faz ou quais assuntos lhe interessam, alguma coisa está errada.

Porém, independente da complexidade dos sintomas emocionais, na lógica dos ensaios clínicos é preciso estabelecer diagnósticos com os quais todos os psiquiatras concordem. Além disso, o modo de estabelecer o diagnóstico tem que ser prático e não pode depender de longos períodos de observação. O problema começa em como colocar todos esses detalhes num manual de diagnósticos feito para que os psiquiatras de diferentes lugares do mundo — com diferentes formações básicas e seguidores de diferentes linhas de pensamento — concordem com o método de classificação e com o nome que dariam para cada tipo de manifestação psiquiátrica.[8] Isso tudo sem o subterfúgio de resultados de exames de sangue ou a observação de alteração de padrões corporais como pressão arterial, batimentos cardíacos ou frequência respiratória.

O movimento em direção a um método universal de classificação das doenças mentais começou com a inclusão de transtornos psiquiátricos na Classificação Internacional de Doenças (CID), da Organização Mundial da Saúde (OMS), e com a criação do *Manual Diagnóstico e Estatístico dos Transtornos Mentais* (DSM), da Sociedade Americana de Psiquiatria. A CID incluiu doenças mentais entre as classificações de doenças médicas a partir de sua sexta edição, publicada em 1948, enquanto uma versão do DSM baseada na CID-6 foi publicada em 1952, mesmo ano de lançamento da clorpromazina, o nosso primeiro antipsicótico.[9] A história dos manuais diagnósticos, não por acaso, andou em conjunto com a história da psicofarmacologia.[10] A maior utilidade dos diagnósticos está em discriminar as melhores formas de tratamento e justificar o uso destes para as fontes pagadoras.

Desde o seu lançamento, essas classificações sofreram diversas modificações. Hoje estamos na 11ª versão da CID e na quinta versão do DSM. Os manuais estão longe de resumir a psiquiatria ou de descrever a mente humana, eles apenas descrevem a convenção. São guias que permitem a comunicação entre profissionais. Ferramentas imperfeitas, porém necessárias. Não é possível incluir todas as nuances do sofrimento mental em um manual que se supõe universal.[11]

Para caber no modelo dos ensaios clínicos, trabalhamos com listas de sintomas, especificadores e critérios de exclusão. Para receber o diagnóstico de depressão, por exemplo, é preciso ter, por pelo menos duas semanas, humor depressivo ou perda do prazer por atividades que costumavam ser prazerosas, mais sintomas acessórios como insônia ou sonolência excessiva, perda ou ganho de peso, fadiga ou inquietação motora, ideias de culpa excessiva etc. Esses sintomas devem causar sofrimento significativo e prejudicar a vida social, pessoal ou profissional, além de não poderem ser explicados por uma doença física descompensada, como, por exemplo, deficiências hormonais. Esses critérios não descrevem o fenômeno depressivo em todos os seus detalhes, são apenas normas operacionais. Normas que não mudam se a vida daquela pessoa é mais ou menos difícil, ou se ela mora no interior do semiárido nordestino ou em um bairro nobre de São Paulo.

O caminho até esse modelo atual foi turbulento, e os atores desse processo estão longe de ter trabalhado em unanimidade. Desde o princípio, a busca dos idealizadores dos manuais foi por medidas objetivas, com potencial de estarem associadas a causas biológicas e emocionais, com validade para determinar qual o curso mais provável da doença e quais os tratamentos com maior probabilidade de sucesso. No entanto, como em qualquer outra empreitada humana, a formulação dos manuais nunca esteve imune às influências políticas e aos grupos de interesses. Por esses e outros motivos, os críticos aos manuais de diagnósticos psiquiátricos podem ser vorazes. Muitos consideram que os manuais têm um excesso de diagnósticos. São centenas de nomes e códigos que tipificam os transtornos mentais. Alguns veem essa exorbitância como um resultado da pressão da indústria farmacêutica, que estaria interessada em patologizar qualquer comportamento para que pudessem ser tratados com remédios.

A indústria farmacêutica sem dúvida tem seu lobby na formulação dos manuais. Mas ela não é um agente isolado. Entidades formadas por pacientes e seus familiares, profissionais de diversas formações e pesquisadores com ou sem experiência clínica participam com demandas de reconhecimento. Para existir enquanto problema, um sintoma precisa estar descrito nos manuais. Comprar em excesso, por exemplo, só poderá ser entendido como uma doença a partir do momento em que o transtorno de comprar compulsivamente tiver um código de doença para chamar de seu. Sem esse código, os órgãos pagadores (convênios ou sistemas nacionais de saúde) não podem ressarcir o custo do tratamento, os órgãos públicos têm mais dificuldade de direcionar suas políticas, os cientistas não têm ferramentas para discriminar grupos de sofredores e investigar as causas e consequências dos sintomas para esse grupo. Por trazer legitimidade, o código da doença é o passo inicial de qualquer reivindicação. Assim, chegamos a mais de quatrocentos códigos, um número que para muitos soa estapafúrdio.

Neste ponto, o que importa é que essa colcha de retalhos a serviço de muitos mestres guia a seleção de pacientes que participam de testes com medicações. Foi com essa ferramenta controversa que os resultados dos estudos criticados pelo grupo de Kirsch e comentados por Angell foram obtidos. Além disso, para esses ensaios clínicos, determinar o diagnóstico é somente o primeiro desafio. É preciso definir o que significa melhorar dos sintomas dos transtornos mentais.[12] Nesse ponto entram as escalas de gravidade, mais uma modificação necessária para que a psiquiatria pudesse ser avaliada por ensaios clínicos de intervenção.

As escalas de gravidade, como o nome indica, são medidas padronizadas capazes de determinar quão grave um depressivo ou ansioso está em determinado momento. Elas transformam as queixas das pessoas que buscam por tratamento em números.

Na prática psiquiátrica, essa é uma empreitada especialmente desafiadora. Sintomas como tristeza, cansaço, insônia, desânimo e incapacidade de sentir prazer não são facilmente traduzidos em cifras. Como determinar se alguém está mais ou menos triste hoje do que ontem? E como medir isso numa escala de 1 a 10, considerando todos os níveis de tristeza possíveis numa população? Estará Pedro mais ou menos triste que Maria? E, se Pedro está mais triste hoje, mas dormindo melhor e menos cansado que há duas semanas, ele melhorou ou piorou nesse período? O que vale mais, dormir melhor ou chorar com menos frequência? Sentir prazer, comer melhor ou se sentir menos cansado? Alguém precisa fazer essas escolhas, e quem faz isso, invariavelmente, determina o que é chamado de melhora.

As escalas que prevaleceram, com o passar do tempo, foram aquelas com perguntas relacionadas à quantidade de energia que você teve para realizar atividades diárias na última semana, seguidas de possibilidades de resposta como: nenhuma, pouca, suficiente, muita ou excessiva. Para cada aspecto (falta de energia, culpa excessiva, falta de apetite, insônia etc.), é atribuída uma nota. Por fim, as notas são somadas para dar uma pontuação de gravidade final. Essa nota de gravidade é uma abstração. Algo bastante diferente, por exemplo, de uma medida objetiva como a quantidade de colesterol numa amostra de sangue.

Nem todo mundo concordou que essa abstração seria válida, e as escalas foram duramente questionadas. Alguns cientistas defendiam que antes de descobrirem as causas biológicas, anatômicas ou fisiológicas da depressão, não haveria como avaliar a gravidade. Outros acreditavam que criar escalas seria como pôr o coelho dentro da cartola para depois encontrá-lo, já que as perguntas induziriam os pacientes a escolherem seus sintomas e depois declararem melhora nesses aspectos. Os doentes não diriam que melhoraram porque melhoraram, mas porque teriam sido ensinados que isso era esperado deles. Outra vertente era contrária às escalas, mas favorável a medidas baseadas em mudanças claramente relevantes, como melhorar a ponto de receber alta de um hospital psiquiátrico ou ser transferido de uma ala de reclusão para uma com livre acesso à saída do hospital.

De fato, as escalas não são baseadas em bases biológicas, podem ter seus resultados manipulados facilmente e não são tão objetivas quanto gostaríamos. Além disso, uma melhora no resultado da escala não necessariamente reflete uma recuperação na vida da pessoa avaliada. No entanto, nessa briga, as escalas venceram, por motivos pragmáticos. É mais prático conduzir ensaios clínicos utilizando-as, mesmo com todas as limitações que as acompanham.

Os ensaios clínicos analisados pelo grupo de Kirsch, portanto, contavam com duas grandes limitações: avaliaram pacientes com diagnóstico de depressão, mas que poderiam ter sintomas e trajetórias de vida bastante variáveis, e aplicaram escalas que medem de forma limitada os efeitos do tratamento. Outro jeito de encarar os achados de Kirsch é que, mesmo com essas limitações, os antidepressivos se apresentam como melhores do que o placebo para o tratamento da depressão.

Além disso, Kirsch se debruçou sobre o efeito chamado desfecho primário. Num ensaio clínico, é preciso definir, a priori, o que se considera um resultado positivo, caso ele apareça. No entanto, são usadas inúmeras outras medidas além daquelas que determinam o desfecho primário. Na depressão, por exemplo, além de avaliar a melhora dos sintomas depressivos (desfecho primário), é comum serem incluídas avaliações sobre a qualidade de vida e o funcionamento social. Essas últimas medidas costumam demorar mais para apresentar mudança em relação ao período anterior ao tratamento, mas representam aspectos mais relevantes dos efeitos do tratamento sobre a vida dos pacientes. Os antidepressivos muitas vezes superam o placebo nessas medidas secundárias. Ao deixar os desfechos secundários de fora, Kirsch nos contou apenas parte da história.

Assim, por mais que se possam discutir os níveis de eficácia dos antidepressivos, eles têm seu valor. Peter D. Kramer, que na década de 1990 tinha escrito *Ouvindo o Prozac* e se preocupado com as potenciais repercussões éticas de uma medicação que fosse capaz de tornar as pessoas melhores, em 2016 lançou o livro *Ordinarily Well* [Nada de mais] em resposta ao trabalho de Kirsch e colaboradores.

Além de se basear na sua vasta experiência clínica e na descrição minuciosa dos resultados de Kirsch, Kramer foi até os centros onde as pesquisas clínicas com antidepressivos eram realizadas e conversou com pesquisadores, aplicadores de entrevistas e escalas de gravidade, e pacientes participantes dos estudos. O resultado é um livro com grande fundamentação técnica que responde ponto a ponto às críticas levantadas por Kirsch.

Nesse livro, ele conta o caso de um amigo próximo que havia sofrido um derrame e o neurologista se recusara a prescrever um antidepressivo para ele com base na opinião de Angell. Na sequência dessa história, Kramer relata outras da sua prática clínica nas quais os efeitos dos antidepressivos ajudaram pacientes (mesmo depois de estarem em psicoterapia) e as intercala com descrições de como os estudos clínicos são conduzidos e como seus resultados são interpretados. Ele comenta todo o desenvolvimento das escalas de gravidade e como a forma com que são estruturadas determina o quanto atribuímos de melhora a um determinado remédio. Dependendo da escala escolhida em um estudo, por exemplo, pode-se reconhecer a melhora com uma determinada família de remédios que tem como efeitos colaterais dar mais sono e abrir o apetite, mas não com outra família que tem como característica aumentar a energia e reduzir a ansiedade sem produzir sedação. E isso simplesmente porque respostas relacionadas a horas de sono e normalização do apetite recebem mais pontuação em uma determinada escala.

Kramer também descreve os estudos que foram deixados de lado por Kirsch e seus colaboradores e como os resultados contrariam a ideia de que o efeito dos antidepressivos não é tão superior ao dos efeitos placebo. Em pessoas em recuperação de lesões neurológicas, por exemplo, como foi o caso do amigo de Kramer com quem ele iniciou o livro, o uso dos antidepressivos pode ter efeitos muito significativos na qualidade de vida e na velocidade da recuperação de funções cognitivas. Kirsch não considerou esses achados, pois excluiu das análises qualquer estudo que investigasse o efeito de antidepressivos em pessoas com doenças físicas como infarto ou derrame.

Das suas visitas aos centros de pesquisa clínica, Kramer traz ainda um relato detalhado dos limites dos avaliadores que determinam a melhora e dos pacientes em se autoavaliar. Além disso, muitos pacientes que participam de múltiplos estudos têm doenças depressivas crônicas e fazem isso justamente porque nunca melhoram o suficiente.

Assim como no relato de Kramer, minha experiência na condução de ensaios clínicos e no acompanhamento de pacientes na clínica não corresponde à interpretação de Kirsch sobre a baixa eficácia dos antidepressivos.

Muitos pacientes tentam múltiplas alternativas de tratamento não farmacológico ou fitoterápico antes de se considerarem suficientemente doentes para tentarem a medicação convencional. E esses pacientes descrevem diferenças marcantes com os antidepressivos. É fato que também existem pessoas que não melhoram com os antidepressivos, o que não anula o efeito naquelas que reconhecem alguma melhora.

Do ponto de vista dos psiquiatras clínicos, que acompanham pacientes que melhoram e que não melhoram com antidepressivos, o que ficou claro com o trabalho de Kirsch não foi que os antidepressivos são pouquíssimo eficientes, mas que os ensaios clínicos que avaliam remédios para depressão são baseados em medidas muito grosseiras. A forma como determinamos a melhora dos sintomas é assustadoramente imprecisa. Isso é assim porque tivemos de adaptar a depressão ao modelo médico para que ela pudesse ser estudada em ensaios clínicos controlados. Nesse processo de adaptação, acabamos tendo de espremer um elefante dentro de uma caixa de fósforos. E lá, como era de se esperar, o nosso elefante não ficou muito à vontade.

A culpa não é dos remédios

> *Faço essa confissão — para uma pessoa sem religião, eu pareço confessar com frequência — como uma introdução para dizer que, para mim, o encontro clínico é um sacramento. Não seria errado aplicar esse termo (metafórico, meio sério) ao momento de prescrever. Quero estar profundamente ciente do que trago para esse momento. O paciente e eu estamos vulneráveis, submetidos a grandes forças.*
>
> Peter D. Kramer[1]

Ainda no campo dos detratores dos remédios, existem vozes mais radicais que levam ao extremo a crítica contra o uso de antidepressivos. Entre essas vozes está a do jornalista estadunidense Robert Whitaker, autor de *Anatomy of an Epidemic* [Anatomia de uma epidemia].[2] Whitaker condena o uso dos antidepressivos não por suposta ineficácia, mas por aparente prejuízo. Segundo ele, se a frequência de transtornos mentais aumenta ao mesmo tempo que o uso dos remédios psiquiátricos se populariza, só existe uma explicação possível: a de que os remédios estão causando doenças mentais ou piorando a evolução dos transtornos psiquiátricos. Segundo ele, essa seria uma reviravolta perversa mantida pela indústria farmacêutica com o único intuito de criar o problema para continuar oferecendo a solução. Vender o veneno que causa a doença que esse mesmo veneno diz curar. O que é espantoso no discurso de Whitaker é que ele não restringe suas conclusões aos antidepressivos, mas as expande para todas as medicações psiquiátricas, inclusive os antipsicóticos, que têm sua eficácia benéfica comprovada de forma muito mais contundente do que os antidepressivos. Para o jornalista, os tratamentos farmacológicos propostos pela psiquiatria fazem mal à saúde. Sempre. Viveríamos melhor sem eles.

Aproveitando o exemplo de Whitaker para desmistificar alguns sensos comuns, é importante dizer que é verdadeira a observação de que existe uma relação temporal entre aumento da disponibilidade de tratamentos farmacológicos e crescimento da frequência em que são feitos diagnósticos psiquiátricos. Mas ela existe porque o que é normal ou patológico muda com o contexto. À medida que tratamentos se tornam disponíveis, o reconhecimento de um sintoma como parte de um processo patológico fica facilitado.[3] Tanto que foi somente depois do lançamento dos primeiros antidepressivos que a depressão passou a ser considerada uma doença frequente. Isso ocorreu porque a partir da década de 1960 a popularização do conhecimento sobre o tratamento levou a uma mudança cultural em relação ao diagnóstico, aumentando a motivação para procurar ajuda e ter abertura em relação ao que se sente. Inclusive, a constatação de que depressão poderia ser um quadro muito mais frequente do que se imaginava até então ocorreu quando a avassaladora maioria das pessoas que se reconheciam como deprimidas ainda não tomava antidepressivos. Ou seja, essa constatação aconteceu depois da notícia de que existiam tratamentos antidepressivos com remédios, mas antes do uso maciço dessas medicações, o que é incompatível com a hipótese de Whitaker de que os antidepressivos estariam causando ou piorando a depressão.

É verdade que facilitar o enquadramento em um diagnóstico psiquiátrico nem sempre é apenas benéfico, e certamente existem alguns exageros. No consultório, por exemplo, sentimos o impacto semanal do que aparece no programa *Fantástico*, da rede Globo, no domingo. No quadro do médico Drauzio Varella, quando um novo transtorno psiquiátrico é apresentado ao público, passamos uma semana respondendo a telefonemas de pessoas que acreditam sofrer daquela doença. Fenômenos que não eram trazidos como queixas antes do programa passam a ser depois da reportagem, porque existe a possibilidade de que aquilo seja parte de uma doença tratável. A intenção de Drauzio Varella é a conscientização acerca de uma fonte potencial de sofrimento para a qual existem formas de ajuda. O resultado, no entanto, pode ultrapassar esse objetivo e alcançar o efeito da chamada medicalização da vida cotidiana — uma reação deletéria na qual fenômenos que fazem parte da experiência de ser humano passam a ser potencialmente "medicalizáveis", aumentando o consumo de remédios e tratamentos provavelmente ineficazes.

Um dos casos que melhor ilustra a tendência do comportamento medicalizante é o do tratamento para transtorno de déficit de atenção com hiperatividade (TDAH). Eu me dei conta do poder da medicalização da desatenção quando, certo dia, estava na fila da farmácia e o farmacêutico pegou a receita de um cliente, feita no talonário amarelo usado para as medicações mais controladas, e desabafou: "Mais uma? Deve ser a vigésima receita desse medicamento só hoje! E ainda não são nem dez horas da manhã!". A medicação em questão era o dimesilato de lisdexanfetamina, mais conhecido pelo seu nome fantasia: Venvanse. Esse caso anedótico só comprova uma tendência observada desde 2011: a cada ano, a venda de medicações estimulantes, derivadas de anfetaminas, bate recorde em relação aos anos anteriores.[4] Em 2011, ano de lançamento no Brasil, foram vendidas cerca de 11 mil caixas de Venvanse. No ano seguinte esse número já tinha subido para cerca de 51 mil caixas. Na série histórica, a quantidade foi crescendo ano a ano. Até que, em 2021, foram 796 mil caixas. Entre 2014 e 2021, o aumento relativo de prescrições de Venvanse foi de mais de 500%. No mesmo período, concorrentes como os que contêm o estimulante metilfenidato, os tradicionais Ritalina, Concerta e Ritalina LA, registraram aumento de 50%.[5]

Não é difícil entender esse crescimento vertiginoso. Como todo derivado de anfetamina, o Venvanse tem como efeitos colaterais produzir sensação de euforia e inibir o apetite. O que por si só já atrairia muitos consumidores. No entanto, além desses efeitos conhecidos, sua reputação ainda é turbinada pela crença compartilhada de que ele seria a droga dos "concurseiros", pois melhoraria a memória e, consequentemente, o desempenho em provas teóricas.[6] No entanto, apesar de os estimulantes nos deixarem mais acordados e atentos, é improvável que esse efeito melhore significativamente o desempenho em provas e testes.[7]

Com essa combinação explosiva de euforia, inibição do apetite e suposta melhora do desempenho, muitas pessoas se interessaram pelo Venvanse. Para piorar, o tal TDAH, para o qual ele é indicado, é caracterizado por sintomas que todas as pessoas já tiveram quando estavam ansiosas, chateadas ou cansadas. O que faz com que seja muito fácil se identificar com esse diagnóstico e se acreditar portador de uma doença associada a um desequilíbrio químico que precisa ser compensado com remédios.

Mas nem sempre foi assim tão fácil. O TDAH sempre foi postulado como uma doença do desenvolvimento cerebral, e para receber esse diagnóstico era preciso ter indícios claros de início dos sintomas na infância. Esses indícios também precisavam estar presentes em múltiplos ambientes, que incluíam a casa dos pais, a casa de parentes próximos, a escola e o consultório médico ou psicológico. No entendimento dos psiquiatras, esses critérios eram essenciais para que não fosse feita a confusão entre um déficit de atenção primário — resultante do TDAH — com um déficit secundário — resultante de sobrecarga emocional, depressão, exaustão ou ansiedade, ou decorrente de estímulos do ambiente. Recentemente, esses critérios mais restritivos foram abandonados, o que abriu caminho para que pessoas que nunca tiveram qualquer dificuldade de desempenho marcante durante o desenvolvimento escolar pudessem ser encaixadas nos parâmetros do transtorno.

Em dezenas de vídeos no YouTube e no TikTok, vemos pessoas que acreditam ter TDAH, e psicólogos e psiquiatras contam histórias sobre eventos cotidianos sugestivos do diagnóstico. São eventos como ir até a geladeira e não lembrar o que foi buscar; esquecer episódios ocorridos há pouco tempo, dos quais amigos e familiares ainda se recordam; sentir-se exausto depois de poucas horas de estudo; ficar impaciente ao ler um livro muito longo; esquecer o nome da pessoa com quem se está falando; sentir tédio num filme introspectivo; esquecer datas importantes e magoar pessoas queridas por causa disso; irritar-se com explicações longas para problemas simples. Também são mencionados: rebelar-se diante de posturas autoritárias; preferir um jogo de recompensa rápida a um trabalho que exija esforço; mudar de esporte preferido a cada seis meses; abandonar atividades trabalhosas; ter dezenas de ideias geniais, mas nunca concretizá-las; ficar horas seguidas jogando o mesmo jogo de video game; iniciar uma explicação e se perder no meio; ser incapaz de sustentar mentiras etc. A lista é praticamente interminável, e estou para conhecer um ser humano que não se identifique com pelo menos dez sintomas dela em algum momento da vida.

Pessoalmente, consigo desenterrar com facilidade episódios de "déficit de atenção". Ter esquecido o comprimido de analgésico em cima do balcão, conforme relatei no capítulo sobre efeito placebo, já poderia ser considerado um sintoma. Num período em que eu trabalhava mais do que seria saudável em plantões noturnos, cheguei a jogar fora a fonte do notebook porque, numa manhã sonolenta, não consegui reconhecer qual seria a utilidade daquela caixa preta com um fio para conectar na tomada. Amigos de infância adoram fazer piada a respeito da minha total incapacidade de lembrar nomes ou mesmo reconhecer antigos colegas de escola. Com frequência me deparo com alguma tarefa doméstica que deixei pela metade. E sim, já encontrei meu celular dentro da geladeira. Apesar de todos esses episódios de desatenção (entre muitos outros que talvez ocupassem um capítulo inteiro se fossem mencionados), não sofro de nenhum transtorno. Episódios de desatenção são frequentemente consequência de cansaço, ansiedade, ou da forma como selecionamos o que merece nossa atenção, mais do que sintomas de uma doença. O que muitos acham irritante é o fato de que a nossa classificação do que seria mais ou menos importante é, pelo menos em parte, inconsciente. O que significa que você achar que deveria ser um cientista de foguete não é o suficiente para deixar você acordado durante uma aula de astrofísica. Do mesmo modo que não basta eu achar que me preocupo com a limpeza da casa quando deixo de enxaguar a louça já ensaboada para checar se o próximo episódio da minha série favorita já foi lançado.

Quando alguém nos procura depois de se identificar com algum vídeo no YouTube ou no TikTok postado por um suposto expert em TDAH, a saída mais difícil é explicar que aquelas são experiências comuns, muitas vezes precipitadas por aumento de ansiedade e que, além disso, não há remédio que tenha o efeito sustentado de nos transformar em pessoas sem as limitações da condição humana, sem falhas de memória e atenção, sem dificuldade com trabalhos árduos, sem tédio e desinteresse por assuntos que consideramos chatos. É a opção mais difícil porque os pacientes chegam com a informação de que existe uma medicação incrível, capaz de aumentar a inteligência, tirar o sono, emagrecer, deixar eufórico e que não causa nenhum mal. Essa última parte é alimentada pela fantasia de que a tecnologia foi capaz de resolver o problema do abuso associado ao uso de derivados potentes de anfetamina. E é claro que a indústria farmacêutica favorece a propaganda que tenta nos convencer de que podemos confiar nessa tecnologia, conhecida como mecanismo de liberação controlada, como algo suficiente para controlar o risco de abuso.

Se, por um lado, não há dúvida de que existe alguma influência da indústria farmacêutica na prescrição das medicações psiquiátricas, por outro, esse influxo ocorre numa escala diferente daquela que defende Whitaker. O psiquiatra britânico-irlandês e historiador da ciência David Healy faz uma comparação que descreve o efeito da indústria na psiquiatria de forma mais ponderada. Healy usa a história bíblica do Evangelho segundo Lucas, na qual várias sementes caem no solo, mas se desenvolvem de modos diferentes de acordo com a fertilidade do terreno. Para Healy, o solo fértil é a indústria. Ela não inventa as sementes, mas alimenta aquelas cujo desenvolvimento mais lhe interessa. Assim, o efeito dos antidepressivos ou das anfetaminas não é uma ilusão criada por campanhas publicitárias, mas foi supervalorizado graças ao interesse em aumentar a venda de remédios. Considerando a pressão para o crescimento das prescrições de antidepressivos ou de medicações para TDAH, a preocupação com seu uso indiscriminado é legítima. Mas, ao mesmo tempo, essa legitimidade não implica que a melhor saída seja abolir por completo o uso dos remédios. Os remédios em si não são vilões. Eles funcionam em alguns casos e não tão pouco quanto Kirsch afirmou, e os transtornos que eles tratam não são uma simples invenção da indústria, como advoga Whitaker. É preciso saber usar os remédios quando eles têm mais chance de ajudar e oferecer outras opções quando não forem suficientes. A culpa não é dos remédios, mas ainda há algo de podre no reino da Dinamarca.

Até aqui, falamos da história dos tratamentos farmacológicos da depressão e de por que existe uma polêmica em torno do efeito dessas medicações, apesar de existirem remédios antidepressivos que funcionam, pelo menos em alguns casos. Essa polêmica, quando somada às críticas mais contundentes do jornalista Robert Whitaker, parece deslegitimar as intervenções propostas pela psiquiatria. Em parte, o que sustenta a polêmica são erros de interpretação quanto ao poder dos ensaios clínicos e ao significado dos diagnósticos psiquiátricos. Kirsch e Marcia Angell desconsideram que trabalhamos com ferramentas de pesquisa limitadas, enquanto Whitaker ignora que os nossos diagnósticos não estão apartados da cultura e, portanto, podem ser mais frequentes também pela popularização dos tratamentos.

Ao mesmo tempo, essa polêmica em torno dos antidepressivos é um sintoma de um desarranjo maior. Estamos sofrendo as consequências de termos alcançado a proeza de espremer o elefante na caixa de fósforos ao adaptar a psiquiatria aos modelos dos ensaios clínicos. Além disso, a euforia das décadas de 1980 e 1990, incentivada pelo surgimento dos antidepressivos mais seletivos, foi seguida de um período de decepção, causando muita frustração em quem esperava que, a essa altura, já tivéssemos encontrado a cura para a maior parte dos transtornos mentais.

Também é preciso levar em consideração que, se as teorias serotonérgicas da depressão estivessem certas, seria esperado que intervenções como os remédios produzissem grandes efeitos terapêuticos, já que estaríamos supostamente corrigindo o que causa os sintomas depressivos. E não foi o que aconteceu. Portanto, é compreensível a decepção com a constatação de que os efeitos dos remédios serotonérgicos são muito limitados. Como conhecedor das teorias serotonérgicas, entendo que Kirsch tenha se decepcionado com o que ele imaginava que deveriam ser recursos poderosos. Superpoderosos, de fato, os antidepressivos não são, mas isso não quer dizer que não tenham efeito nenhum. Depressão tampouco é causada por falta de serotonina, mas isso não significa que remédios que alteram a disponibilidade de serotonina não possam ter algum efeito antidepressivo.

Existe ainda outro aspecto relacionado a esses ciclos de euforia e decepção. O fato de existirem remédios que atuam no cérebro e que são capazes de tratar sintomas psiquiátricos foi um incentivo para continuarmos buscando no órgão a origem das doenças mentais. Em paralelo, desenvolvemos métodos cada vez mais sofisticados de avaliação da estrutura e do funcionamento cerebral. Essas inovações tecnológicas alimentaram a nossa esperança de que não demoraria muito mais para encontrarmos o que estaria errado no cérebro de deprimidos, ansiosos, psicóticos e demais pessoas que sofrem com sintomas emocionais.

Com métodos que parecem tão incríveis na mão dos pesquisadores, como é possível que as neurociências ainda não tenham encontrado a origem biológica de pelo menos uma parte dos transtornos psiquiátricos? Para responder a essa pergunta, a próxima parada da nossa jornada é no universo de alguns dos métodos mais sofisticados das neurociências, aqueles que permitem que tenhamos acesso à estrutura e ao funcionamento cerebrais.

PARTE 2

A ciência do cérebro

A pré-história dos estudos do cérebro

Na Inglaterra vitoriana, a romancista Charlotte Brontë estava em busca de um especialista que fosse capaz de desvendar seus mais íntimos segredos. Ela encontrou o dr. Browne, um médico que gozava de alta reputação entre os ricos e famosos. Browne descreveu em detalhes os traços e comportamentos de Charlotte a partir da palpação do seu crânio. Segundo ele, ela possuía um cérebro grande, com as partes anteriores e superiores marcadamente salientes. Assim, concluiu que ela deveria ser alguém amável, nervosa e com um grande senso de justiça.[1]

Em seus romances, Charlotte utilizou o que aprendeu com essa experiência na construção de seus personagens. Ela acreditava, como muitos na época, que existisse uma relação direta entre aparência, comportamento e personalidade. O século 19 foi propício a extrapolações de conceitos incipientes da biologia para a cultura e o comportamento, e para muitos cientistas e escritores parecia óbvio que a aparência física selava um destino. No mesmo sentido, o formato do cérebro refletiria suas virtudes e seus defeitos.

Naqueles tempos, acessar de maneira direta o formato do cérebro só era possível em cadáveres. Esses, naturalmente, já não tinham nenhum interesse em saber sobre seus traços de personalidade. A inacessibilidade do cérebro dos viventes, no entanto, não freou o dr. Franz Joseph Gall de encontrar uma correlação entre anatomia e personalidade. Ele pensou: se o crânio envolve o cérebro, o crânio deve refletir o que se passa dentro da cabeça, e então usou protuberâncias e depressões do crânio para inferir como eram os órgãos de seus pacientes vivos. Afinal, quem não tem cão caça com gato.

O método de Gall era simples. Ele sugeriu que, avaliando o crânio de seus pacientes, descrevendo onde estavam as protuberâncias e depressões, era possível correlacionar esses achados com os traços de personalidade que ele encontrava nessas pessoas tendo como base suas teorias sobre o funcionamento de regiões cerebrais. Assim, chegou à conclusão de que o amor pelos filhos se relacionava a uma protuberância na parte posterior da cabeça, de que as habilidades musicais podiam ser previstas por uma protuberância na parte anterior à direita do crânio, de que a generosidade determinava uma protuberância na parte superior mediana do crânio, e assim por diante.

Ele pressupôs uma relação de causalidade, acreditando que, se Maria ama seus filhos e tem uma protuberância na parte posterior, todas as mulheres que amam seus filhos terão a mesma protuberância.

Apesar de Gall não ter ganhado notoriedade no meio acadêmico com suas conclusões sobre esse método, que considerou — com razão — seu trabalho muito pouco científico, isso não o impediu de deixar um legado.[2] Seguidores de Gall, como Browne, fizeram com que suas ideias marcassem a cultura do século 19. Charlotte Brontë e Charles Dickens estão entre os autores que as aproveitaram em suas obras.[3] E não são casos isolados. Aqui no Brasil tivemos Euclides da Cunha, que genuinamente se encantou com a ideia de que a forma do crânio determinava a personalidade.[4]

Por um lado, Gall não estava totalmente equivocado em relação ao cérebro apresentar áreas especializadas, ou seja, áreas dedicadas especificamente a determinadas funções. De fato, existem regiões cerebrais relacionadas à linguagem, percepção e movimentos. No entanto, a existência de áreas especializadas não nos ajuda a prever o comportamento humano ou estimar as habilidades individuais. Não é o tamanho de uma área do cérebro que prevê se teremos mais ou menos amor, generosidade ou tino musical. Muito menos protuberâncias no crânio, que, ao contrário do que pensava Gall, não se relacionam diretamente ao formato do cérebro abaixo delas.

A ingenuidade do médico, no entanto, não nos deixou, e parecemos ainda estar procurando por formas de prever o comportamento a partir das estruturas cerebrais. Um exemplo desse tipo de associação é a fala de que algo "ativou o seu sistema límbico" (um conjunto de regiões cerebrais) e, portanto, representa uma reação emocional e não uma reação racional. Mas será que é isso mesmo?

O conjunto de regiões cerebrais que compõe o sistema límbico foi selecionado na primeira metade do século 20 por neurofisiologistas como Heinrich Klüver e Paul Bucy a partir da observação de experimentos com animais. Nele, os pesquisadores estimulavam ou lesionavam algumas regiões cerebrais dos animais e registravam suas reações de agressividade e medo. As regiões "emocionais" foram assim selecionadas entre aquelas que se mostraram essenciais para a manifestação de medo e/ou agressividade nos animais testados. O neuroanatomista James Papez e o neurocientista e médico Paul MacLean adaptaram, no final da década de 1940, o conhecimento obtido em experimentos com animais para os seres humanos e construíram a versão atual que entende o sistema límbico como responsável pelo nosso funcionamento emocional.[5]

De lá para cá, no entanto, muita coisa mudou. A ideia de que a razão e a emoção seriam instâncias distintas do funcionamento cerebral, que parecia óbvia para muitos, desmoronou e hoje soa arbitrária. Em 1994, um dos grandes nomes da área, o neurocientista António Damásio, publicou no livro *O erro de Descartes*[6] o resultado de anos de pesquisas que o levou a concluir que a emoção não só era o motor principal para o engajamento de nossa atividade cerebral como também participava dos processos cognitivos que envolvem o raciocínio lógico e a tomada de decisões. As emoções são nossa principal fonte de motivação para qualquer comportamento e afetam indiscriminadamente todo o nosso funcionamento cerebral, não só uma região ou uma função.

A pista que o levou a supor essa reconfiguração, indo contra o paradigma vigente até então na ciência médica — paradigma que encontra no Descartes da distinção radical entre os raciocínios da alma e os sentimentos produzidos pelo corpo um de seus principais fundadores e representantes —, foi o caso de um paciente que foi ao mesmo tempo sortudo, por ter sobrevivido a um grave acidente que lesou seu cérebro, e azarado, por ter de viver muito mal depois disso. O paciente em questão se chamava Phineas Gage e trabalhava na construção civil ferroviária quando sofreu um acidente que destruiu parte do seu lobo frontal ao ter sua cabeça transpassada por uma barra de ferro. Ele perdeu tanto a capacidade de sentir emoções quanto a de tomar decisões cruciais para sua vida, mesmo que ainda conseguisse operar o raciocínio lógico de modo abstrato. Ou seja, ele era capaz de fazer contas matemáticas, mas incapaz de escolher o que comer no café da manhã ou reconhecer emoções básicas.

Depois da lesão, sua memória e sua linguagem continuaram integralmente preservadas, mas ele agia de modo socialmente inaceitável e prejudicava antes de tudo a si próprio. Esse caso trágico, usado como exemplo por muitos neurocientistas, foi uma das primeiras evidências de que, sem emoções, tornamo-nos não só apáticos como também estúpidos. Nossa cognição não sobrevive intacta sem o componente emocional.

A partir de então, Damásio passou a considerar a hipótese de que razão e emoção não são centros separados neurologicamente, e ao longo de anos de vasta pesquisa demonstrou que, nas palavras dele, "a razão humana depende não de um único centro cerebral, mas de vários sistemas cerebrais que funcionam de forma concertada ao longo de muitos níveis de organização neuronal".[7] Segundo suas pesquisas, os níveis considerados mais baixos da localização da razão no cérebro são os mesmos que regulam as emoções, mas também as funções do corpo ligadas à sobrevivência. Por isso, esses níveis mais baixos mantêm relações diretas e recíprocas com todos os órgãos do corpo. Novamente citando as palavras de Damásio: "Todos esses aspectos, emoção, sentimento e regulação biológica, desempenham um papel na razão humana".[8]

Damásio não é uma voz isolada ou periférica nas neurociências. O trabalho de outro nome de peso no estudo do cérebro, o neurocientista Joseph LeDoux, também questiona o conceito de sistema límbico como centro das emoções. Além de LeDoux considerar impossível separar razão de emoção, como Damásio, ele observou que muitas regiões cerebrais que não fazem parte do clássico sistema límbico participam da resposta emocional, ao mesmo tempo que muitas regiões do sistema límbico têm como principal função capacidades consideradas racionais. Para LeDoux não existe nada especial ou exclusivamente emocional no sistema límbico.[9] No entanto, apesar da falta de exclusividade, a fala "há ativação do sistema límbico" ainda é a chave usada por muitos comunicadores para convencer o público de que algum fenômeno é pautado pelas emoções. O que essa frase não explica, no entanto, é que praticamente todos os comportamentos são pautados pelas emoções. A ideia de que alguns seres humanos são mais racionais e menos emocionais que outros é uma falácia. Assim, dizer que algo ativa o sistema límbico, em última instância, não significa nada.

E, se teorias antigas baseadas em experimentos rudimentares já criaram lendas como essa da ativação do sistema límbico, o que será que as novas tecnologias são capazes de alimentar na nossa imaginação?

A primeira vez que considerei escrever este livro foi depois de uma discussão de bar. Essa discussão ocorreu durante a festa de lançamento de um livro de culinária, escrito por um jornalista que resolvera se aventurar pela menosprezada cozinha britânica. Era um dia de semana qualquer e adianto que os personagens envolvidos estavam sóbrios, contidos pela perspectiva de trabalhar no dia seguinte e pelo peso da idade. A conversa estava animada, transitando entre os dilemas impostos pelo aquecimento global e a incredulidade frente àqueles que falam em Terra plana. Nosso primeiro personagem é um jornalista especializado em comunicação científica, com uma excelente reputação na área e que, com certeza, entende de temas tão complexos como o modelo padrão da física de partículas. A certa altura, esse jornalista começou a discorrer sobre como os métodos de ressonância magnética permitem descobrir o que as pessoas estão pensando, com impressionante especificidade, e como isso poderia ser usado para resolver crimes no futuro. Nesse momento, fiz uma interrupção e frisei que não era bem assim, explicando que provavelmente a ressonância nunca seria útil para esse objetivo. A ressonância nuclear magnética funcional é um método de neuroimagem, com o qual naquela época eu trabalhava todos os dias enquanto cientista, e sempre afirmei com segurança: ela não lê e nunca lerá pensamentos. Minha afirmação convicta naquela conversa com um versado jornalista num bar paulistano exaltou os ânimos mais do que qualquer dose alcoólica teria feito, tamanha foi a indignação de meu interlocutor, que não desistiu tão cedo de convencer uma especialista de que ela estava errada sobre o assunto que estudara mais do que qualquer um naquela mesa. Foi quando me dei conta de que, mesmo entre aqueles acostumados a transitar por outras áreas da ciência, as neurociências exercem um fascínio capaz de deslumbrar até os mais céticos.

Dez anos antes dessa acalorada conversa, eu já tinha me deparado com uma situação semelhante dentro do próprio meio acadêmico. Ao cursar uma disciplina da pós-graduação na Universidade de São Paulo (USP), um professor titular do departamento de psicologia experimental concluiu uma aula com imagens coloridas do cérebro, dizendo que "já estávamos lendo pensamentos" e que, em pouco tempo, já estaríamos aplicando essa tecnologia para a alfabetização e o aprendizado da linguagem. O professor em questão era um profundo conhecedor do processo de aquisição da linguagem e exatamente por isso fiquei espantada com sua conclusão. A partir de minha trajetória, era óbvio que, diante da complexidade da linguagem, um método capaz de enxergar indiretamente quando certos conjuntos de neurônios estão menos ou mais ativados jamais seria capaz de chegar a ler pensamentos. Logo, para mim era surpreendente que um especialista daquela qualidade tivesse caído nessa armadilha. Por outro lado, a armadilha é sem dúvida tentadora. Quando não se sabe como elas foram construídas e o que informam, as imagens coloridas dos circuitos cerebrais apagando e acendendo, redesenhando-se em diversas cores, emanam poder. Um poder que certamente elas não têm. E eu, uma mera aluna de pós-graduação naquele momento, não me atrevi a contrariar o professor titular, tamanha a certeza dele sobre o tema.

É por essas histórias que acredito que precisamos explicar de onde vêm as tais imagens coloridas do cérebro e por que elas não serão capazes de ler nossos pensamentos nem nos ajudarão a resolver transtornos psiquiátricos, tampouco crimes.

O incrível mundo das imagens do cérebro

Os métodos de neuroimagem são aqueles que conseguem "enxergar" o cérebro. Eles se dividem entre os estruturais e os funcionais. Os estruturais são os que permitem visualizar lesões na "arquitetura" do cérebro. Já os funcionais servem para inferir o que ocorre com os neurônios em ação. Os métodos estruturais equivalem a uma foto do Google Earth congelada no tempo, sem revelar movimentos ou intenções. Já os funcionais são como eventos organizados em uma linha do tempo. É possível fazer uma analogia entre a neuroimagem funcional e a espionagem digital, na qual se acompanham os metadados de interações entre pessoas por meios eletrônicos. Como denunciou Edward Snowden, os órgãos de espionagem podem, sem invadir nossas máquinas, acessar com quem falamos ao longo do dia e por quanto tempo.[1] Do mesmo modo, podemos acompanhar por meio da ressonância quais grupos de neurônios estão trabalhando, com quem eles estão dividindo informação e por quanto tempo, mas sem precisar abrir a nossa cabeça.

No entanto, diferentemente dos casos de espionagem digital — nos quais também é possível instalar programas nos nossos computadores e telefones e obter acesso ao conteúdo das nossas mensagens —, no cérebro não temos como saber o que está sendo transmitido. Podemos apenas acompanhar quais grupos de neurônios trabalham e conversam com outros enquanto estamos fazendo alguma coisa ou divagando por pensamentos aleatórios.

Embora existam outros métodos de avaliar o funcionamento do cérebro, a ressonância funcional é superior à maior parte deles por conta da resolução mais detalhada que ela alcança. Resumidamente, a resolução, que pode ser espacial ou temporal, é o critério científico de qualidade e precisão dos dados obtidos nos exames. A resolução espacial é a menor distância entre dois pontos do cérebro que um exame consegue distinguir. Por exemplo, duas ocorrências a cinquenta milímetros de distância serão registradas como duas coisas diferentes se a resolução for de pelo menos cinquenta milímetros; mas se a resolução for menos precisa, por exemplo, de um centímetro, o exame vai registrar as duas ocorrências como se fossem uma. Ou seja, é como se alguns métodos não conseguissem chegar ao detalhe necessário para acompanhar aqueles fenômenos. Quanto menor a distância entre dois pontos que um método consegue discriminar, melhor a resolução espacial daquele método.

Já a resolução temporal é o menor intervalo de tempo que o exame consegue determinar entre duas ocorrências. Nesse caso, os métodos de monitoramento contínuo têm a melhor resolução temporal possível, pois praticamente não há intervalo entre as medições. Mas muitos métodos não podem ser aplicados de forma contínua, e os intervalos entre os dados podem variar entre alguns milissegundos e dias, até anos. Se o exame quiser verificar mudanças que acontecem muito rápido, como um disparo neuronal, a resolução temporal precisa ser de apenas alguns milissegundos. Se estivermos monitorando uma mudança muito lenta no cérebro, como a evolução de um tumor, a resolução temporal pode se dar em semanas ou meses.

As imagens de ressonância funcional conseguem monitorar todas as regiões do cérebro numa escala da ordem de milímetros ou centímetros, e em intervalos de tempo de alguns segundos. Desse ponto de vista, ela é, até o momento, imbatível. O eletroencefalograma, por exemplo, acompanha o funcionamento cerebral numa escala temporal muito menor, de milissegundos, porém só alcança a atividade elétrica próxima à posição dos eletrodos posicionados na cabeça do paciente para a realização do exame. Logo, para atingir o cérebro inteiro precisaríamos de milhares de eletrodos implantados em cada centímetro de cérebro, o que é claramente inviável. Portanto, a ressonância é superior em relação ao eletroencefalograma do ponto de vista da capacidade de localizar a atividade neuronal.

Para entender a ressonância funcional, no entanto, precisamos entender primeiro o método estrutural do qual ela deriva: a ressonância nuclear magnética.

A ressonância nuclear magnética (RNM) reconstrói imagens dos órgãos do corpo a partir de sinais emitidos pelos prótons dos átomos de hidrogênio que compõem a matéria quando eles variam entre estados de energia em decorrência da influência do campo magnético e de ondas de radiofrequência.[2]

Comecemos pelos átomos de hidrogênio. Como qualquer átomo, eles são uma grande festa: suas partículas estão sempre em movimento, sambando para todo lado, desde que dentro do seu quadrado (prótons no núcleo, elétrons na periferia). Um átomo até interfere um pouco nos movimentos dos seus vizinhos, mas em situações habituais suas partículas internas não chegam a ficar alinhadas. Os núcleos dos átomos de hidrogênio têm apenas um próton, mas estão, na maior parte do tempo, numa verdadeira balbúrdia.

Essa bagunça de cada qual para o seu lado pode se organizar em situações especiais, por exemplo quando somos submetidos a um campo magnético, como aquele que faz o ímã grudar na geladeira. O campo magnético obriga os prótons dos átomos de hidrogênio que compõem a matéria a se alinharem, como um mestre de harmonia de escola de samba que faz todo mundo dançar para o mesmo lado.

É esse efeito magnético sobre o núcleo dos átomos de hidrogênio (onde estão os prótons) que confere parte do nome para o nosso equipamento: ressonância *nuclear magnética*. Esse aparelho produz um campo magnético constante, milhares de vezes mais forte que o do seu suvenir de viagem, e esse campo obriga os prótons no núcleo dos átomos a ficarem impecavelmente alinhados — nota 10 em harmonia.

Alguém que será submetido a um exame de ressonância vai ser avisado de que nada metálico pode adentrar na sala onde fica o equipamento. Essa instrução se deve ao campo magnético constante, capaz de atrair qualquer objeto metálico em direção ao aparelho, esbarrando no que estiver no caminho durante sua trajetória — e até mesmo disparando uma arma de fogo, como ocorreu em São Paulo em 2023, quando um advogado que entrou armado na sala de ressonância acabou atingido fatalmente pela própria arma.

Para a realização do exame, além desse campo magnético constante, o equipamento de ressonância também precisa emitir um sinal de radiofrequência, que, de tempos em tempos, interfere no efeito do campo magnético. Esse sinal é a causa do barulho intenso (que alguns consideram infernal) que uma pessoa escuta quando está posicionada dentro do equipamento durante a coleta das imagens.

Quando o sinal de radiofrequência interfere no efeito do campo magnético, a trajetória dos prótons se movimenta. Para facilitar a visualização, é como se o campo magnético pegasse uma mola muito forte e a esticasse; os sinais de radiofrequência, por sua vez, soltam um pouco a mola. Quando ela dá essa pequena aliviada pelo sinal da radiofrequência, ocorre um movimento, que libera energia. Dentro da ressonância, com um campo magnético que sofre interferência por sinais de radiofrequência ritmados, os prótons dos átomos de hidrogênio ficam "pulsando", num estica e solta regular. Assim como soltar a mola libera energia, soltar o próton de hidrogênio produz um sinal, que pode ser captado e medido pelo equipamento de ressonância magnética.

Na ressonância nuclear magnética, somos capazes de medir especificamente o efeito do campo magnético e da radiofrequência sobre os prótons dos átomos de hidrogênio (cada hidrogênio contém apenas um próton), porque a frequência de Larmor (frequência de precessão ou giromagnética) é específica para os prótons solitários do átomo de hidrogênio. No campo magnético com força de um tesla, por exemplo, a frequência de Larmor do átomo de hidrogênio é de 42 megahertz. O próton presente no átomo de hidrogênio foi escolhido como alvo da ressonância magnética por ser: muito abundante no corpo humano (cerca de 10% do peso corporal); um bom marcador de alterações biológicas; o próton com maior momento magnético; e, portanto, com a maior sensibilidade aos efeitos do campo magnético e dos sinais de radiofrequência.[3]

Com a ressonância dos prótons dos átomos de hidrogênio, chegamos ao que a ciência mais gosta: um fenômeno que pode ser transformado em números. As quantidades e qualidades do sinal emitido pelo relaxamento da mola nos ajudam a entender a balbúrdia. Esses sinais nos informam sobre a diferença de organização dos átomos de hidrogênio nas diferentes áreas do cérebro, permitindo identificar diferentes tipos de tecidos.

Porém, ainda falta um detalhe: de onde vem a palavra que dá nome ao método, a *ressonância*? O que ressoa são as ondas de radiofrequência, de um determinado comprimento, em uma fatia do gradiente do campo magnético. É por conta desse efeito que o equipamento consegue coletar a informação de uma fatia do corpo por vez. Voltaremos a isso adiante.

Veja que não existe nada de radioativo na ressonância nuclear magnética, ao contrário do que muitos imaginam. No fim do dia, nem tudo que diz respeito ao núcleo dos átomos ("nuclear") tem a ver com radioatividade. A *radiologia* também não é necessariamente radioativa: o termo foi primeiramente criado para falar dos raios-X, mas hoje se usa para todos os métodos de imagem.

Em resumo, a ressonância magnética é um campo magnético constante que tem seu efeito afetado por sinais de radiofrequência para produzir números que nos informem sobre os prótons dos átomos de hidrogênio que compõem a matéria de nossos corpos. A partir dessa informação numérica produzida pela ressonância, conseguimos reconstruir imagens dos órgãos, inclusive do cérebro. Conseguimos saber onde estão os corpos celulares dos neurônios (substância cinzenta), os prolongamentos dos neurônios que fazem conexões longas (substância branca), a capa de gordura que envolve o cérebro, o osso do crânio e o líquido que circula em torno do cérebro e da medula espinhal (líquido cefalorraquidiano ou líquor). Isso é possível porque alguém se deu ao trabalho de colocar todos os tecidos do corpo humano dentro do equipamento de ressonância e analisar como são os sinais que esses tecidos emitem. Com esse jogo de adivinhação, vamos reconstruindo a imagem do que está onde não podemos enxergar. O resultado é a imagem de ressonância magnética estrutural.

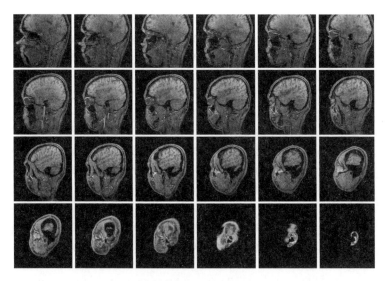

Imagem de ressonância magnética de crânio produzida pelo método estrutural

É importante ter em mente que, apesar de conseguir construir uma foto, a ressonância não é uma câmera dentro da sua cabeça. Ela não tem uma visão direta do seu cérebro. A ressonância apenas avalia com suas medições a quantidade, a distribuição e a organização dos prótons de hidrogênio, distinguindo assim um material mais denso de um mais poroso, com mais água ou menos água, organizado dentro de uma célula ou livre, fluindo para todo lado. É como se você estivesse de olhos vendados com um objeto na mão, tentando descobrir o que ele é com base na sua textura, consistência e formato. Nessa brincadeira de adivinhação, quanto mais familiar nos é um objeto, mais fácil é identificá-lo. Só graças a muitos estudos de neuroanatomia é que conseguimos reconstruir tão bem as imagens do cérebro mesmo sem ter acesso direto ao que está dentro das nossas cabeças.

Mas por que estou contando tudo isso? Bem, há aqueles que simplesmente adoram saber como as coisas funcionam, no entanto, para além disso, saber que a ressonância se assemelha a um jogo de adivinhação bem informado nos ajuda a entender que o resultado muitas vezes é certeiro, mas nem sempre. Porque às vezes ela erra.

Por enquanto nos ativemos a explicar a ressonância magnética como método estrutural. Do ponto de vista clínico, a ressonância nuclear magnética estrutural representou uma grande evolução. Algumas doenças que antes só eram diagnosticáveis de forma definitiva depois da morte de seus portadores passaram a ser acessíveis por meio das imagens do exame. A esclerose múltipla é um exemplo. Ela está associada a regiões nas quais uma capa protetora dos neurônios, conhecida como mielina, é atacada pelo sistema inflamatório e não volta a se regenerar. Esse processo de desmielinização (perda da mielina) é visível nas imagens de ressonância magnética do cérebro, mas, nos quadros iniciais, não pode ser visto nas imagens produzidas por outros métodos de radiologia, como a tomografia de crânio.

Para a compreensão das doenças psiquiátricas, no entanto, a ressonância estrutural teve um papel bastante limitado. Os sintomas das doenças mentais não se associam a grandes alterações visíveis nas imagens de ressonância. Esse exame permitiu somente que os pesquisadores comparassem o tamanho estimado de determinadas regiões do cérebro entre pessoas com e sem alterações específicas do comportamento. Avaliando milhares de pessoas, os pesquisadores encontraram, na média, diferenças de volume de regiões cerebrais entre pacientes com diagnóstico de esquizofrenia e depressão, por exemplo, se comparados a pessoas saudáveis.[4] Apesar de essa diferença ter algum valor científico — ela indica onde os pesquisadores devem procurar alterações relacionadas às doenças —, ela não tem nenhuma utilidade clínica, isto é, não ajuda a tratar pacientes. Isso porque se trata apenas de uma tendência quando se considera a média de muitas pessoas, mas não é informação suficiente quando falamos de uma pessoa isolada.

Se você ainda não se convenceu de que encontrar uma diferença entre médias de grupos diferentes não basta para definir um teste para o diagnóstico de uma doença, vejamos outro exemplo mais ilustrativo. Imagine que uma pesquisadora quer comparar a altura de mulheres brasileiras e suecas. Para fazer isso, ela seleciona de forma aleatória duzentas mulheres de certa faixa etária em cada um dos países. Dentro desse universo de quatrocentas selecionadas, a frequência de mulheres com alturas muito distantes da média da população (abaixo de 1,40 m ou acima de 1,98 m) foi muito pequena nos dois grupos. Ainda assim, ao comparar as populações, a média de cada uma foi diferente. Usando métodos estatísticos, essa pesquisadora foi capaz de determinar que essa diferença foi grande o suficiente para indicar que, caso a população inteira de mulheres tivesse sido avaliada, a diferença seria na mesma direção: as mulheres suecas são mais altas, na média, do que as brasileiras.

Agora, e é isso que nos importa, se a mesma pesquisadora escolhesse aleatoriamente uma única mulher de um dos países e medisse sua altura, por exemplo, 1,75 m, essa informação isolada não seria suficiente para determinar se a mulher é sueca ou brasileira. Uma altura de 1,75 m é maior do que a média de altura das mulheres brasileiras, mas mesmo assim continuam existindo muitas mulheres brasileiras com essa altura e que poderiam ter sido selecionadas aleatoriamente. Se substituirmos o problema da altura pelo do volume de uma área qualquer do cérebro, temos o paralelo com a situação dos achados relacionados à esquizofrenia. Ou seja, ainda que uma população de cem pacientes com esquizofrenia tenha um volume menor, na média, de uma região cerebral do que cem pessoas saudáveis, essa diferença não é suficiente para que seja possível determinar o diagnóstico de esquizofrenia a partir do volume da região cerebral de uma pessoa isolada. O que quer dizer que uma diferença estatística, às vezes, só nos ajuda a planejar as próximas pesquisas e direcionar nossos métodos para regiões de maior interesse.

Além disso, uma estrutura preservada não garante que seu funcionamento será normal. É possível que nenhuma das tecnologias estruturais disponíveis atualmente encontre grandes alterações na organização das células do cérebro e que, mesmo assim, o funcionamento das células esteja afetado. Logo, é preciso tentar acessar o comportamento das células em ação, e para essa última empreitada a ressonância nuclear magnética nos oferece a opção funcional. E esse é o assunto do próximo capítulo.

O cérebro em ação

Cada tipo de célula do nosso corpo faz coisas diferentes. Algumas produzem substâncias, outras armazenam, outras transformam as substâncias que ingerimos; algumas se contraem e produzem força, outras mandam informações para outras células por meio de sinais elétricos etc. E todas elas precisam produzir energia, preferindo o oxigênio como matéria para isso. A avaliação do funcionamento cerebral, portanto, parte do princípio de que existem marcadores comuns de atividade celular relacionados ao consumo de oxigênio.

O sangue é a via de transporte para esse oxigênio que respiramos chegar até a célula que vai consumi-lo. Para facilitar, vamos imaginar que as moléculas de oxigênio, que são dois átomos de oxigênio grudados um no outro, são os nossos passageiros. Nesse caso, os vasos sanguíneos são as autoestradas, avenidas e ruas por onde os passageiros vão chegar aos seus destinos, as células. Ou, no nosso caso específico, os neurônios. Os carros que vão pegar esses nossos passageiros são as células vermelhas do sangue, chamadas eritrócitos ou hemácias, mas vamos chamá-los aqui de Fusquinhas. Dentro dos nossos Fusquinhas, o oxigênio é um passageiro grudento que fica aderido ao banco do passageiro, que é a hemoglobina.

Em 1990, o pesquisador japonês Seiji Ogawa[1] descobriu que o campo magnético da ressonância é abalado de forma diferente quando os bancos dos nossos Fusquinhas estão cheios ou vazios, ou seja, quando a hemoglobina contida nas nossas hemácias carrega ou não carrega oxigênio. Isso acontece porque os bancos dos Fusquinhas, se ocupados, repelem os ímãs, mas os que estão vazios são atraídos por eles. Em outras palavras, cheio e vazio são lados opostos do seu ímã de geladeira,[2] mas com uma força milhares de vezes menor. Os abalos que os bancos dos Fusquinhas produzem no campo magnético alteram os resultados, na ressonância, das medidas do sinal emitido pelos prótons dos átomos de hidrogênio. Consequentemente, por meio da ressonância magnética, conseguimos estimar se os Fusquinhas estão mais cheios ou mais vazios quando eles passam por certas ruas do nosso cérebro. Em outras palavras, conseguimos acompanhar se tem mais ou menos sangue oxigenado percorrendo um ponto no espaço.

Na maior parte das vezes, os neurônios ficam mais famintos por passageiros quando estão trabalhando. Mas, assim que os neurônios famintos começam a consumir passageiros, as ruas por onde os Fusquinhas passam se alargam para aumentar o número de Fusquinhas cheios disponíveis. Esse efeito aumenta a disponibilidade de sangue oxigenado e é chamado de resposta hemodinâmica. Esta, por sua vez, produz uma alteração no campo magnético que é capaz de ser percebida pela ressonância. Essa não é uma medida direta da atividade das células cerebrais, porque não temos como saber exatamente quem está consumindo os passageiros, mas é uma das melhores pistas que já conseguimos inventar.

Apesar da simplificação, percebe-se que a diferença entre Fusquinhas cheios e vazios é uma medida indireta e fraca da atividade dos neurônios. Se para construir uma imagem estática do cérebro já tínhamos que trabalhar com incertezas, para ter uma visão dinâmica vamos ter que turbinar um pouco mais o nosso oráculo. Depois de ter coletado as séries de números que correspondem à mudança produzida no campo magnético pelos Fusquinhas, precisamos reconstruir a imagem funcional do cérebro com base nesses números. Aqui, no lugar de tentar estimar a densidade e a organização dos tecidos como fazemos no método estrutural, o que tentamos fazer é avaliar se existe uma tendência de aumento ou de redução da resposta hemodinâmica em cada momento da medição.

Para isso, o primeiro passo é localizar a resposta hemodinâmica em cada parte do cérebro. Então vamos dividi-lo em pequenas regiões no formato de cubinhos. Convencionamos chamar esses cubos de voxels, porque correspondem a versões 3D dos pixels das imagens da sua TV de LED ou da sua câmera de celular. O pixel é o menor quadrado numa imagem 2D, o voxel (de vo[lume] + [pi]xel) é o menor cubo numa imagem 3D. Isso significa que o tamanho dos voxels não é fixo. Assim como uma foto do mesmo objeto pode ter mais ou menos pixels, dependendo da resolução da câmera, o tamanho do voxel pode variar numa escala que vai de milímetros (maior resolução) a alguns centímetros (menor resolução), dependendo da potência do equipamento de ressonância, do método e do objetivo da análise. Para facilitar, vamos imaginar cubos com volume de 1 cm^3 como os nossos voxels, o que resultaria em aproximadamente 1 200 voxels para o cérebro inteiro. Então, vamos acompanhar cada um desses 1 200 cubos ao longo do tempo e dizer, para cada um deles, se num determinado momento a tendência era de aumento, de manutenção ou de redução da resposta hemodinâmica.

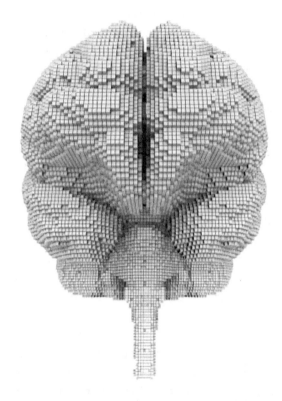

Construção artística do que seria um cérebro dividido em voxels

Depois de dividir o cérebro em voxels, aparecem os próximos desafios. Um dos mais prementes é que o posicionamento desses voxels não é perfeitamente preciso: é impossível ficar perfeitamente imóvel durante a coleta das imagens. Essa movimentação inevitável faz com que a imagem precise ser ajustada depois de ser obtida. Além disso, existem outras fontes de distorção das imagens. Por exemplo, há uma flutuação natural do campo magnético que pode afetar o sinal recolhido. Somado ao movimento do paciente e à flutuação do campo magnético, existe o efeito de estruturas adjacentes, como os ossos, que podem falsear a captação de sinal dos voxels mais próximos ao crânio.

Antes mesmo de começar a análise dos resultados da ressonância nuclear magnética funcional, somos obrigados a usar alguma matemática para corrigir essas diversas fontes de distorção. No jargão da radiologia, esses processos são chamados de pré-processamento da imagem. E cada um deles tem suas próprias imperfeições. Portanto, desde a primeira coleta dos dados na ressonância, a informação vai sendo passada por diversos filtros, sendo matematicamente corrigida até atingir um resultado minimamente satisfatório. É um processo que carrega um risco de erro parecido ao de uma brincadeira de telefone sem fio: o erro acumulado em cada etapa do processamento, apesar de não invalidar o resultado observado, precisa ser considerado com cautela. Por outro lado, não podemos abrir mão dessas correções, porque o sinal da resposta hemodinâmica é tão fraco que chega a ser difícil diferenciar esse sinal do ruído de fundo. Se deixarmos tudo como está, corremos o risco de só analisar ruído. A situação se parece com alguém tentando conversar com um paquera numa balada barulhenta, com todos os erros de comunicação que isso acarreta. A pessoa vai precisar gritar e conviver com os erros de compreensão que surgirão. No caso, a voz do paquera é a variação do campo magnético produzida pela resposta hemodinâmica e a barulheira da festa é tudo que atrapalha essa coleta e que descrevemos anteriormente: os movimentos do paciente, a flutuação do campo, a interferência dos outros tecidos.

Outro problema é que a ressonância não capta o sinal de maneira contínua, mas apenas em intervalos de alguns segundos ou até de alguns minutos. Ela não funciona como um exame de eletroencefalograma, que acompanha a atividade elétrica sem intervalos. Esse talvez seja um dos aspectos mais difíceis de entender da ressonância funcional. Ela ocorre porque a resposta hemodinâmica altera o campo magnético, mas, para percebermos essa alteração, precisamos medir os sinais do mesmo modo que fazemos para construir as imagens estruturais, isto é, medindo os sinais de radiofrequência emitidos pelos prótons dos átomos de hidrogênio. Porém, o equipamento não consegue fazer essa medição o tempo todo para o cérebro inteiro: a coleta é feita por "fatias" de cérebro, e só uma fatia é coletada de cada vez. Imagine seu cérebro como um pão de forma, e considere que a composição de cada fatia só pode ser avaliada se uma fatia for testada por vez. Então, o equipamento testa a fatia 1, depois a fatia 2, e assim por diante. Quando acabam as fatias, ele retorna para a primeira. Logo, para cada fatia temos o sinal captado em intervalos, que, juntas, correspondem ao tempo que o equipamento demora para cobrir o cérebro inteiro.

O resultado dessa coleta intervalada são pontos organizados em uma linha do tempo. Porém, o que nos interessa não são os pontos espaçados, mas a história completa. Para estimar o que acontece nos intervalos, temos uma espécie de jogo de ligar os pontos. Esse jogo não é totalmente aleatório, ele considera matematicamente os trajetos mais *prováveis* da resposta hemodinâmica. Os trajetos são reconstruídos com base em experimentos reais com a resposta hemodinâmica e representam a melhor aproximação possível. No entanto, por melhores que sejam, não temos como ter certeza de que representam a verdadeira resposta hemodinâmica num experimento determinado.

Em resumo, para descobrir o que está acontecendo no cérebro, nós o dividimos em pequenos cubos chamados voxels e acompanhamos a atividade nesses voxels ao longo do tempo. A atividade é medida por uma via indireta, que corresponde a uma estimativa razoável da resposta hemodinâmica (fluxo de sangue) resultante do consumo de oxigênio pelos neurônios.

Porém, esse sinal hemodinâmico é muito fraco, difícil de distinguir do ruído de fundo, e precisa passar por uma brincadeira de telefone sem fio para ser interpretado. Além disso, o sinal é intermitente, e precisamos preencher os buracos usando probabilidade para tampá-los com algum embasamento. Essa reconstrução é útil, mas é também muito indireta, sendo preciso usá-la com cuidado.

E ainda não terminaram as complicações. Precisamos explicar como as imagens do cérebro são construídas e como são as tarefas que nos permitem usar os resultados da ressonância funcional para avaliar sintomas emocionais ou tendências de comportamento.

Dando sentido às imagens

Quando falamos de imagens do cérebro obtidas por ressonância magnética, o verbo "construir" é proposital. Elas são literalmente *construídas* em computador com base nos números obtidos pelo equipamento de ressonância. Como já explicamos, as imagens não são fotos do cérebro dentro das nossas cabeças. Elas são aproximações com base na ressonância dos prótons dos átomos de hidrogênio — para imagens estruturais — e na perturbação no campo magnético produzida pelas hemácias (Fusquinhas) com ou sem oxigênio (passageiros) — para as imagens funcionais.

Na maior parte do tempo lidamos com as imagens fatiadas, como um pão de forma. A partir dessas fatias, é possível fazer no computador uma reconstrução estrutural do cérebro em três dimensões, mas isso só é feito depois de o resultado já ter sido analisado, e apenas para facilitar a visualização. Durante a análise para identificar sinais de doenças, todo o trabalho é feito nas fatias.

Se entender os resultados estruturais já parece complicado, com os resultados funcionais é ainda mais.[1] Durante o processo de aquisição, isto é, de coleta dos dados, as imagens de ressonância funcional são muito enigmáticas, mais do que as estruturais. O primeiro motivo disso é que a qualidade da imagem obtida pelo método funcional é mais baixa. Para dar conta de avaliar a perturbação no campo magnético a cada intervalo de tempo, o equipamento precisa abrir mão de alguns parâmetros mais finos de avaliação dos detalhes estruturais, o que deixa a imagem mais borrada em comparação ao que estamos acostumados a ver.

Além de borradas, as imagens funcionais geralmente não têm nada de colorido na origem, elas só serão coloridas depois. A escala de cinza em que aparecem, nesses casos, representa a variação da intensidade do sinal de acordo com a perturbação no campo magnético. Um pesquisador, mesmo treinado, não consegue dizer nada sobre uma imagem como essa durante a aquisição. Somente depois da análise dos resultados, tendo em mãos o que é chamado de mapa de probabilidades, é que podemos chegar a alguma conclusão.

Para a construção desse mapa usamos cada voxel e calculamos qual a probabilidade de ele estar mais ou menos ativado na comparação entre dois momentos. O importante é ter claro que qualquer interpretação se baseia no conceito de contrastes. Por meio do contraste pré-estabelecido entre a situação que queremos estudar (vou chamá-la aqui de tarefa) e outra situação usada como base de comparação (por exemplo, o repouso), calculamos a probabilidade de cada voxel estar mais ou menos ativado durante a tarefa do que durante a situação controle, e assim colorimos o mapa. As cores servem para destacar as regiões em que há probabilidade de o sinal ter mudado significativamente na execução da tarefa (de acordo com um limiar previamente estabelecido).

Por fim, também é possível, com mais um tanto de trabalho e análise, transferir essa marcação colorida para as imagens estruturais, criando uma ilustração mais eficiente na localização da origem do aumento ou da redução do sinal de ressonância magnética.

Para entender o que significam as imagens coloridas do cérebro que resultam da ressonância funcional, precisamos explicar melhor o que são as tarefas que servem como base para comparação e análise da atividade cerebral. Essas tarefas podem assumir diversos formatos e níveis de complexidade dependendo do que se quer investigar. O que é comum a todas as tarefas é que elas precisam ser possíveis para um participante deitado e imobilizado dentro de uma máquina de ressonância.

Por isso, para que uma tarefa seja viável, existem vários desafios a serem superados. O primeiro é o barulho intenso associado à coleta das imagens. A viabilidade do uso de estímulos auditivos no contexto da ressonância requer um equipamento de isolamento acústico de última geração, raramente disponível. Portanto, a maior parte dos pesquisadores abre mão do uso de estímulos auditivos e opta por outras modalidades de estímulos sensoriais.

Outro desafio é a dimensão do campo visual. A visão do participante de um estudo pode ser expandida com o uso de espelhos e telas, onde podemos projetar imagens que o participante conseguirá observar mesmo deitado dentro do tubo da ressonância. Isso significa, no entanto, que estamos restritos, a maior parte do tempo, a projeções em duas dimensões.

Também existem limitações em relação às respostas do participante. O que funciona melhor são botões que ele possa acionar mesmo sem enxergar. Pedir para o participante falar algo é contraproducente, pois a atividade motora da fala vai gerar muitos artefatos (alterações grosseiras) nas imagens e aumentar a movimentação da cabeça, o que atrapalha a qualidade das imagens geradas. Além disso, ficar dentro da máquina é desconfortável. A imobilidade prolongada vai deixar muitos participantes com dor nas costas, portanto, não podemos estender muito o tempo do experimento. Isso restringe as tarefas à duração de pouco mais de alguns minutos.

Para ilustrar o que são essas tarefas e como elas realmente funcionam, podemos começar com um exemplo muito simples, e na sequência aumentamos a complexidade.

Uma das tarefas mais simples, e que é usada ostensivamente para comprovar a capacidade da ressonância funcional de discriminar atividade cerebral, se resume a apertar um botão repetidas vezes com o indicador direito ou esquerdo. O contraste produzido por essa tarefa é a oposição dos momentos de ação (apertar o botão repetidas vezes) com os momentos de repouso (sem nenhum movimento voluntário). O resultado clássico esperado com esse contraste é a discriminação do aumento de atividade cerebral na região conhecida como área motora primária do hemisfério cerebral contralateral ao movimento, ou seja, no hemisfério cerebral esquerdo quando o dedo direito é o que realiza o movimento, e vice-versa.[2]

É possível desenhar tarefas mais complexas e que ainda assim representem uma simplificação da realidade. Uma forma de avaliar a memória de um participante é, estando ele já dentro do equipamento de ressonância, apresentar, por meio de uma tela, uma lista de palavras aleatórias para que ele memorize cada palavra apresentada. Na sequência, a lista desaparece e o participante deve acompanhar palavras na tela, apresentadas uma por vez, e apertar o botão toda vez que aparecer uma palavra pertencente à lista que foi memorizada no início do experimento.

Nesse caso, o pesquisador terá acesso aos seguintes contrastes: atividade durante tarefa de memorização versus repouso (nenhuma tarefa); atividade durante o reconhecimento de palavra que já foi apresentada versus intervalo entre apresentações de palavras; atividade durante não reconhecimento de palavra versus intervalo entre apresentações de palavras; atividade quando o participante erra (falso reconhecimento ou não reconhecimento) versus quando ele acerta; e qualquer outra combinação entre esses fatores. Para aumentar a sofisticação do experimento, o pesquisador pode incluir diversas categorias de palavras, por exemplo: palavras que se associam a conteúdos emocionais versus palavras que descrevem objetos etc.[3]

Um exemplo em um nível de complexidade ainda maior é o de uma tarefa desenhada para avaliar nossa capacidade de aprender a tomar decisões que potencializam nossa chance de ganhos. Essa é uma atividade criada pelo neurocientista António Damásio, anteriormente mencionado. A tarefa se chama *Iowa gambling task* (tarefa de jogos de azar de Iowa, abreviada como *gambling*). Esse *gambling* é feito em várias rodadas nas quais o participante tem de escolher uma carta entre quatro montes de cartas. Os montes variam em relação à sua chance de ganhos, e os ganhos são um tipo de dinheiro virtual. O esperado é que, depois de quarenta ou cinquenta rodadas, os participantes escolham com mais frequência os montes com maior potencial de ganho.[4] Porém, algumas disfunções na nossa capacidade de tomar decisões levam alguns participantes a nunca aprenderem quais montes potencializam seus ganhos. Na ressonância nuclear magnética funcional, podemos coletar as imagens enquanto os participantes estão jogando e comparar a atividade cerebral enquanto eles tomam decisões no início do jogo (antes de reconhecerem os melhores montes) e no final (depois de reconhecê-los). Também podemos comparar a atividade durante o jogo versus a atividade em repouso. Mais importante, no entanto, é a comparação entre a atividade daqueles que aprendem a escolher os montes mais promissores versus a atividade daqueles que nunca aprendem. Com essa última comparação, podemos inferir se existe um potencial de "mau funcionamento" em alguma região cerebral que justifique o déficit de aprendizado.

Partindo desses exemplos, fica mais fácil entender que, dadas as muitas limitações do que conseguimos realizar dentro do ambiente de ressonância e da nossa capacidade de interpretar os resultados, precisamos criar situações artificiais simplificadas. Em contraste, na vida real, lidamos com uma grande quantidade de estímulos simultâneos que competem e interagem entre si ao mesmo tempo que realizamos múltiplas tarefas complicadas. Apesar de serem úteis, as tarefas experimentais se relacionam pouco com o ambiente de múltiplos estímulos e funções simultâneas no qual estamos imersos. Elas podem fornecer pistas, mas estão muito longe de mimetizar o nosso funcionamento habitual.

O aumento padrão da atividade neuronal em certas regiões, quando determinadas tarefas são realizadas, apenas nos informa que nessas regiões há um aumento no consumo de oxigênio ligado à tarefa em questão. Isso indica maior atividade neuronal, mas não fornece nenhum detalhe acerca do comportamento dos neurônios. Não sabemos, por exemplo, quais neurotransmissores estão sendo liberados nas fendas sinápticas ou qual é a velocidade de disparos dos neurônios. Sem essas informações, não temos como construir quaisquer supostos significados linguísticos ou imagéticos de uma atividade. Tomando a liberdade de fazer uma analogia mundana, seria o mesmo que tentarmos descobrir o que pensa e sente um paquera silencioso observando apenas o status on-line do seu aplicativo de mensagens. Podemos até fazer extrapolações imaginárias sobre o significado de o paquera estar on-line durante a madrugada e não responder a nossa mensagem enviada horas antes, mas nunca vamos ter acesso direto ao que ele ou ela pensa ou sente, mesmo que façamos diários detalhados do seu padrão de uso do aplicativo durante vários dias seguidos. O que a ressonância funcional faz é semelhante a esses diários de padrão de uso, e, como nesse caso, qualquer extrapolação de significado a partir desse ponto requer muita imaginação.

O estatístico britânico George Box descreveu de forma muito direta o que significa usar aproximações baseadas em modelos estatísticos, modelos como os que aplicamos para extrair informação sobre o funcionamento cerebral a partir da ressonância magnética funcional. Box dizia que todos os modelos estão errados, mas alguns são úteis.[5] O que ele queria dizer pode ser adaptado como: não devemos tomar o modelo que construímos da atividade cerebral como se ele fosse a própria atividade cerebral. Essa modelagem é extremamente útil, pois sem ela seria impossível dizer qualquer coisa sobre o funcionamento cerebral. Logo, ela não deve ser desprezada. Por outro lado, essa tecnologia também precisa ser entendida como uma *aproximação* da realidade, e não como a própria realidade incontestável. Reconhecer a falibilidade da ressonância funcional é indispensável para que sejamos capazes de manter um olhar crítico diante dos resultados dos experimentos que usam essa ferramenta. A crítica é essencial para não nos deslumbrarmos com a ideia fantasiosa de que temos acesso direto ao que está se passando no cérebro.

É claro que os pesquisadores continuam trabalhando para aprimorar as ferramentas que avaliam a atividade cerebral, e é por isso que nosso próximo capítulo vai tratar das tendências mais recentes na inovação tecnológica dos métodos de imagem.

Promessas

> *A realidade é uma coisa, as formas como pensamos sobre ela são outra. Elas são muitas e diversas, e não podemos facilmente alterá-las ou reduzi-las umas às outras. Assim, o fato de considerarmos corretamente que causas mentais, como desejos, também podem ser vistas como mecanismos fisiológicos centrados no cérebro não resolve os problemas entre o mental e o físico, mas os reformula como limitações da compreensão científica.*
>
> Jim Hopkins[1]

Aplicando o método de ressonância funcional, a palavra atual nas neurociências é "conectividade". Existem circuitos cerebrais que são conjuntos de regiões do cérebro que se mostram anatômica ou funcionalmente conectados durante determinadas condições experimentais. Com um método matemático sofisticado, conseguimos avaliar se a atividade em diversos pontos do cérebro acompanha padrões correlatos. Grosseiramente, supondo duas regiões denominadas A e B, consideramos que as duas estão conectadas caso toda vez que A se ative, B se ative também, ou caso toda vez que A se ative, B se desative. Quanto mais sincrônica a atividade entre as regiões, maior a força da conexão.[2]

Esse é um método relativamente recente, pois a primeira observação de que seria possível avaliar a atividade conjunta de regiões cerebrais é de 1995. A avaliação funcional da conectividade cerebral funcional gerou muitos resultados que indicavam quais seriam os conjuntos de regiões com atividades mais acopladas, e diversos pesquisadores construíram hipóteses teóricas sobre o significado dessas observações. Os neurocientistas não concordam unanimemente sobre como nomear, descrever ou entender os principais circuitos identificados até hoje. Porém, o conceito mais aceito por diversos neurocientistas é o do chamado circuito de atividade padrão ou DMN (do inglês, *Default Mode Network*). O DMN é o circuito que se mostra mais conectado quando não estamos engajados em nenhuma tarefa. Quando somos acionados para realizar alguma tarefa, a sincronia entre as diversas regiões que compõem o DMN diminui, e outras regiões passam a apresentar maior força de conexão entre si. Alterações no processo de desengajamento da DMN quando precisamos iniciar uma tarefa têm sido o achado mais comum relacionado a diversos transtornos psiquiátricos.[3] Apesar de ainda estarmos longe de entender exatamente o que isso significa, essa é atualmente a nossa maior aposta como método para que venhamos a conhecer como o cérebro funciona.

Outra inovação dos métodos de imagem que já está sendo utilizada em alguns laboratórios de pesquisa é a chamada ressonância magnética funcional em tempo real. Essa tecnologia permite a visualização dos mapas de probabilidades de atividade cerebral quase instantaneamente durante a coleta de dados.[4] A construção desses mapas de probabilidades não é nada trivial e requer uma série de processos trabalhosos. Então, a pergunta que cabe aqui é: como é possível fazer, em milésimos de segundo, toda a análise que levamos tantas páginas para entender em linhas gerais?

A resposta a essa pergunta contém algo que está no topo das tendências da moda: os algoritmos. Algoritmos são programações passo a passo que definem as regras de decisões que precisam ser tomadas para chegarmos a um desfecho desejado. Os algoritmos já existem há muito tempo, mas o que os tornou tão interessantes foi o aumento da capacidade de processamento dos computadores modernos, que passaram a conseguir executar algoritmos numa velocidade sobre-humana. Na maior parte do tempo, as regras de decisão definidas em um algoritmo usam cálculos de probabilidades para sugerir qual será a melhor decisão possível tendo em vista um determinado objetivo. No caso do algoritmo do YouTube, por exemplo, a probabilidade de você curtir um determinado vídeo, dado o conjunto de vídeos anteriores a que você já assistiu, é o que rege a decisão do algoritmo sobre o que te apresentar em seguida.

Na ressonância funcional em tempo real, os algoritmos são utilizados para automatizar e acelerar o processamento das imagens, produzindo um mapa de probabilidades em um curtíssimo espaço de tempo. Todas as correções e todos os cálculos são realizados sem interferência humana, com base no conhecimento adquirido em experiências prévias de análises de imagens. O resultado ilustrado nesses mapas é a probabilidade de cada voxel estar mais ou menos ativado do que na condição de comparação a cada vez que um estímulo de interesse é apresentado.

Inicialmente, o "tempo real" foi projetado como uma forma de controle de qualidade da coleta de imagens, permitindo correções ainda durante a realização do experimento. Só que ele funcionou tão bem que os pesquisadores consideraram expandir seu uso e passaram a utilizá-lo para verificar se o resultado da ressonância funcional se associava ao que uma pessoa posicionada dentro da ressonância estava vendo ou sentindo num determinado momento.[5] A grande vantagem de fazer essa associação em tempo real entre o que está sendo visualizado e a atividade cerebral é a possibilidade de usar essa informação para tornar a ressonância um instrumento de neurofeedback.

Considerando nossa própria pequenez diante do ainda imenso desconhecido, os cientistas se angustiam tanto na busca por respostas quanto na busca por utilidade para suas descobertas, que quase sempre são restritas à teoria, mas inúteis na prática. No caso do método da ressonância funcional em tempo real, os pesquisadores imaginaram que ele poderia ser usado para um outro fim, que ainda não era ler pensamentos, mas sim observar o efeito de mecanismos chamados de neurofeedback.

O neurofeedback é o mais próximo de tornar a ressonância magnética funcional um método com alguma aplicação clínica em maior escala. Sim, é verdade: apesar de todo o glamour, a verdade é que hoje a ressonância serve para pouquíssima coisa que de fato faça alguma diferença na vida das pessoas comuns, e não só dos pesquisadores que se empolgam com seus resultados científicos — que revolucionaram alguns paradigmas das neurociências, mas não trataram nem curaram nenhuma doença. Por isso, não podemos deixar de falar das poucas possibilidades de aplicação da ressonância magnética funcional que conseguimos antecipar.

Mesmo na neurologia, são raros os casos nos quais a ressonância funcional pode ser de algum auxílio. Há, porém, situações muito específicas, por exemplo, quando um neurocirurgião precisa retirar um tumor cerebral e, antes da cirurgia, deve determinar qual área do cérebro é acionada por aquele paciente específico quando ele faz uso da linguagem. Nesse caso, a ressonância é usada com o objetivo de planejar a intervenção, pois o desenvolvimento do tumor pode deslocar as funções cerebrais. Eventualmente, então, é necessário determinar qual região assumiu o controle de uma função, como a da linguagem, nesse exemplo. Essa identificação antes da retirada do tumor aumentaria a chance de preservar o funcionamento da linguagem naquele paciente. Porém, exceto em casos raros como esse, nem mesmo na neurologia clínica a ressonância funcional é um exame corriqueiro.

Na psiquiatria e na psicologia, então, o uso clínico prático da ressonância funcional é quase inexistente. Hoje, ela não auxilia no diagnóstico, não auxilia de forma prática na nossa capacidade de prever o futuro e não tem nenhum efeito terapêutico. Usando ressonância funcional, existe um punhado de estudos que encontrou alguma relação entre a capacidade de um computador de classificar um paciente com base em achados de outros pacientes e o futuro clínico (prognóstico) daquele paciente. Porém, esses achados não permitem a aplicação da ressonância para esse fim, porque os médicos e psicólogos clínicos podem chegar às mesmas conclusões com métodos muito mais baratos e menos trabalhosos, que incluem perguntar para os pacientes e familiares sobre suas condições de vida e determinar a chance de um paciente evoluir bem ou mal com algum grau de acerto. Ou seja, para produzir o mesmo efeito da ressonância bastaria aumentar o tempo de consulta.

Mas existe uma remota possibilidade de que esse deserto de aplicações práticas da ressonância funcional se modifique num futuro não tão distante: através do mecanismo conhecido como neurofeedback. A essência desse mecanismo seria nossa capacidade de controlar a atividade neuronal. A ideia por trás disso é a seguinte: se nós conhecemos o efeito de certos estímulos e certas tarefas na atividade neuronal de determinadas regiões cerebrais, será que não podemos treinar uma pessoa a alterar sua atividade neuronal durante as tarefas se ela estiver observando os efeitos de seu próprio controle por meio da ressonância funcional em tempo real?

Para explicar como o neurofeedback funciona, vou usar como exemplo a associação entre a regulação da amígdala e o reconhecimento do medo em imagens de pessoas com a aparência de assustadas. A amígdala é uma região bem embaixo e no meio do cérebro, que não tem nada a ver com as amígdalas da sua garganta, exceto que você também tem duas delas. A relação entre o reconhecimento de medo e as amígdalas é bem estabelecida em estudos de neuroimagem funcional, o que significa que essa relação foi encontrada muitas vezes em estudos científicos e refutada por outros estudos apenas raramente.

Dada a evidência em favor dessa relação, a associação entre a atividade da amígdala e o medo é considerada um bom indicador para a testagem do procedimento de neurofeedback. Por meio de algoritmos específicos e da ressonância funcional em tempo real, alguns pesquisadores conseguiram desenvolver uma maneira de uma pessoa posicionada dentro da máquina de ressonância visualizar um indicador de atividade baseado na resposta hemodinâmica das suas próprias amígdalas ao longo do tempo enquanto está sendo testada. Um desses indicadores pode ser, por exemplo, uma barrinha que sobe quando o sinal da amígdala tem alta probabilidade de estar aumentando e que desce quando esse mesmo sinal tem alta probabilidade de estar diminuindo (em comparação com algum momento anterior preestabelecido pelos pesquisadores).

Em um estudo que usa esse método, os participantes têm que realizar uma tarefa mental previamente treinada ou se esforçar, sem saber como, dependendo do desenho do estudo, para fazer a barrinha descer enquanto algo que tipicamente aumenta a atividade da amígdala está sendo apresentado. Por exemplo, o participante pode ser instruído a recuperar lembranças de momentos felizes da vida enquanto imagens de pessoas assustadas são apresentadas e ele observa o movimento da barrinha indicando quais memórias são mais eficientes em reduzir a atividade das suas amígdalas cerebrais. Os neurocientistas que idealizaram essa forma de neurofeedback supõem que esse treino pode fortalecer estratégias mentais de controle emocional, independentemente de quais sejam.[6]

Estudos com poucos participantes (até vinte pessoas) mostraram, até agora, que o treino por neurofeedback é viável (para algumas pessoas, pelo menos: alguns nunca conseguem baixar a tal barrinha), e há indícios de que esse treino tenha efeito terapêutico (ajude a reduzir algum tipo de sintoma). O que não se sabe ainda é se esse efeito terapêutico é sustentado (se se mantém por semanas, meses ou anos), se o método poderia ser aplicado em larga escala (ou seja, se a maioria das pessoas conseguiria fazer o treino e se beneficiar dele) e se esse método é superior a formas de tratamento bem mais simples, bem mais baratas e bem menos sofridas.

Como psicoterapeuta, minha impressão é que o neurofeedback intermediado por ressonância funcional não é nenhuma revolução terapêutica. A prova de que podemos ser capazes de alterar a atividade neuronal de alguns dos nossos neurônios até certo ponto é um resultado interessante, mas o fato é que não precisamos dessa prova obtida continuamente para saber se um tratamento está funcionando ou não. Basta perguntarmos para as pessoas tratadas como elas se sentem. Alguns pesquisadores acreditam que essa última medida, baseada no relato verbal sobre sensações subjetivas, é muito imprecisa, e esses pesquisadores adorariam substituí-la por algum resultado numérico considerado mais objetivo. No entanto, com essa busca por parâmetros supostamente mais objetivos, nos aproximamos de um dilema clínico: se quem está sendo tratado é a pessoa e se ela diz que não está melhor, contradizendo o resultado entregue pelo algoritmo, ou vice-versa, em quem vamos nos basear para decidir como prosseguir com o tratamento? Vamos nos tornar experts em produzir determinados resultados com os nossos algoritmos ou vamos nos esforçar para ajudar as pessoas a se sentirem melhores à revelia do que dizem esses mesmos algoritmos?

O relato verbal das pessoas sendo tratadas é ainda o melhor parâmetro para determinar como seguir com um tratamento, apesar de eu concordar que ele é muito impreciso. Não me parece possível que a informação numérica gerada por um algoritmo seja melhor em nos informar como alguém está se sentindo do que o que esse mesmo alguém é capaz de nos dizer. Não excluo a possibilidade, no entanto, de os algoritmos funcionarem como auxiliares. Eles talvez sejam capazes de nos dizer que uma modalidade terapêutica já fez aquilo que ela é capaz de fazer e que, portanto, se um paciente continua sintomático, é melhor mudar de modalidade do que insistir. Porém, sendo somente acessórios, não vejo os algoritmos que comprovam o mecanismo de neurofeedback como possíveis métodos revolucionários capazes de transformar radicalmente a terapêutica psiquiátrica e psicológica. Eles talvez só nos ajudem a comprovar que aquilo que já fazemos há muitos anos de fato produz efeitos cerebrais. Ou que o que chamamos de psicoterapia tem efeitos cerebrais tanto quanto o uso de medicações psiquiátricas.

A ressonância funcional, apesar de todas essas incertezas, representou um salto tecnológico que revolucionou a pesquisa sobre as doenças mentais. Conseguir verificar os neurônios em ação foi como um sonho realizado para a comunidade científica. Com os métodos funcionais, passou a ser possível investigar quais regiões são recrutadas durante tarefas preestabelecidas. Quais regiões são usadas quando sentimos medo, vemos fotos de pessoas tristes, erramos uma resposta em um teste de lógica, perdemos dinheiro em um jogo etc.? Com as primeiras respostas, pudemos fazer outras perguntas, como: será que pessoas com sintomas de depressão respondem de forma diferente de pessoas sem depressão a imagens de cenas tristes? Será que o cérebro de viciados em apostas responde de forma diferente à perda de dinheiro no jogo daqueles que não se viciam nessa atividade?

Num primeiro olhar, nós, neurocientistas, criamos a expectativa de que estaríamos a poucos passos de encontrar testes funcionais capazes de discriminar diagnósticos psiquiátricos. Parecia-nos que o tão esperado teste diagnóstico que comprovasse a esquizofrenia ou o transtorno bipolar estaria logo ali. Se não encontrávamos nada de muito errado na estrutura cerebral de pacientes com sintomas graves, parecia óbvio que o problema apareceria na função. E com algo tão poderoso como a ressonância funcional, estávamos mais próximos do que nunca de encontrar o desvio de função que justificaria muitos dos sintomas psiquiátricos. Quando os primeiros resultados de estudos com ressonância funcional em transtornos psiquiátricos começaram a aparecer, na década de 1990, entramos no modo de espera, aguardando ansiosamente as notícias de que a psiquiatria estava prestes a adentrar a era da medicina ultratecnológica.

Trinta anos se passaram e continuamos aguardando. Nem os transtornos psiquiátricos são tão simples de serem destrinchados, nem a ressonância funcional é tão certeira.

Quando olhamos do ponto de vista da tecnologia, podemos nos perguntar se essa decepção poderá ser revertida com a evolução da técnica. Será que encontraremos o que estamos procurando se a ressonância (ou outro método de medição de atividade cerebral) for capaz de chegar a uma resolução espacial tão fina que a atividade de neurônios individuais possa ser captada? E será que a partir desse conhecimento seremos capazes de manipular a atividade cerebral de forma a controlar nossos pensamentos e sintomas emocionais?

Um dos grandes limitantes é o fato que não conseguimos ter certeza de que o cérebro funciona sempre de forma computacional, ou seja, traduzível em linguagem que os computadores consigam entender.[7] Quando tentamos explicar nossa capacidade de memorização e recuperação de conhecimento memorizado, nenhum sistema computacional conhecido mostrou-se capaz de fazê-lo com a velocidade e a quantidade de informação que conseguimos armazenar considerando a estrutura do nosso cérebro, com seus 86 bilhões de neurônios e trilhões de conexões dinâmicas. Se algo dentro do nosso cérebro funcionar de uma forma não computacional, é possível que existam funções realizadas por esse órgão que sejam simplesmente inacessíveis para a leitura por meio do processamento matemático realizado por computadores como os que temos hoje. Talvez os tais computadores quânticos que estão sendo desenvolvidos possam algum dia realizar essa tarefa — atenção, eu disse *talvez*. O próprio Roger Penrose, físico que tenta entender os mecanismos materiais da consciência, supõe que existe uma lacuna entre a mecânica quântica e o mundo observável que precisa ser desvendada pela física antes de conseguirmos compreender como funcionariam os atributos não computacionais do cérebro.

Inclusive, no seu livro intitulado *Sombras da mente*,[8] Penrose descreve sua percepção de que quem trabalha com a compreensão do cérebro do ponto de vista biológico tem mais dificuldade de aceitar que o cérebro pode ser não computacional do que os próprios físicos. Nas palavras de Penrose: "É talvez digno de nota que os físicos, que são mais diretamente familiares com as maneiras enigmáticas e misteriosas pelas quais a matéria realmente se comporta, tendem a ter uma visão menos classicamente mecanicista do mundo que a dos biólogos".

Pensadores com conhecimento excepcional sobre computação, física, química e biologia do cérebro já escreveram livros inteiros sobre o tema.[9] Diversas hipóteses já foram levantadas sobre o funcionamento cerebral, e todas elas, apesar de se embasarem em algum aspecto conhecido do funcionamento biológico dos neurônios, não dão conta de toda a complexidade do funcionamento cerebral. As discussões teóricas ainda não encontraram respostas básicas, por exemplo, como as memórias são armazenadas.[10]

E também é possível que, em algumas das nossas empreitadas, esbarremos em impossibilidades teóricas. O que equivale a dizer que existem limites que não são, necessariamente, tecnológicos. Para nós, que não somos especialistas em física, esse problema parece incompreensível. Mas se nos colocarmos certas perguntas básicas — que raramente nos ocorrem —, podemos nos aproximar dele. O neurocientista Stuart Firestein, em seu livro *Ignorância*,[11] nos interpela: "Se existem estímulos sensoriais que estão além da nossa percepção, por que não existiriam ideias além da nossa concepção? Assim como há forças que estão além da percepção de nosso dispositivo sensorial, pode haver perspectivas que estão além da concepção de nosso dispositivo mental". O que Firestein quer dizer é que, do mesmo modo que existem uma faixa de luz visível e uma faixa de frequências sonoras audíveis, talvez exista uma faixa de compreensão possível, limitada pela estrutura biológica do nosso aparelho mental. Para reforçar essa ideia, o autor cita um renomado biólogo do século 20, J. B. S. Haldane, que com muita perspicácia sugeriu que "o universo não é apenas mais estranho do que supomos, ele é também mais estranho do que somos capazes de supor".

No contexto do funcionamento cerebral, não sabemos ainda onde as impossibilidades teóricas podem estar. Não conhecemos os limites biológicos do nosso aparelho mental nem os limites tecnológicos da manipulação cerebral. Somos, no momento, tão ignorantes que não conseguimos nem saber o que é possível conhecer sobre o cérebro e o que está além das nossas possibilidades. Em nossa ignorância, criamos fantasias capazes de superar qualquer limite. Investimos em ferramentas sofisticadas acreditando que elas resultarão na resolução definitiva do sofrimento humano. Ou na extinção dos transtornos mentais. Mas, pelo menos por enquanto — e eu apostaria que ainda será assim por muito tempo —, o que encontramos com o uso dos métodos de neuroimagem funcional mais atiçou nossa curiosidade e ajudou na criação de novas teorias que ainda carecem de comprovação do que revolucionou os tratamentos psiquiátricos. E é também por isso que vale a pena considerarmos ir além do cérebro se quisermos realmente ajudar as pessoas que sofrem com doenças mentais. Por isso, o que pode existir além do cérebro será o assunto dos nossos próximos capítulos.

PARTE 3

A ciência do sofrimento humano

Um Carnaval que não terminou em folia

> *Eu havia analisado o nível em que o poder psiquiátrico se apresenta como um poder no qual e pelo qual a verdade não é posta em jogo. Parece-me que, pelo menos em certo nível, digamos o do seu funcionamento disciplinar, o saber psiquiátrico não tem em absoluto por função fundar em verdade uma prática terapêutica, mas em vez disso a de marcar, acrescentar uma marca suplementar ao poder do psiquiatra; em outras palavras, o saber do psiquiatra é um dos elementos pelos quais o dispositivo disciplinar organiza em torno da loucura o sobrepoder da realidade.*
> Michel Foucault[1]

> *O DSM criou uma linguagem comum, mas grande parte dessa linguagem não foi validada pela ciência. Mesmo que os clínicos pudessem concordar com o rótulo, o rótulo ainda poderia estar errado.*
> Thomas Insel[2]

No Carnaval de 1954, os foliões ocuparam, como faziam todos os anos nessa época, as ruas de um povoado para lá de pacato, que até hoje não abriga mais de 3 mil habitantes. Uma estância turística encravada à beira do lago de Constança, na parte alemã da Suíça. Ali onde está instalado o grande hospital psiquiátrico de Münsterlingen.

Ao contar como foi o nascimento dos antidepressivos, passamos por esse mesmo povoado e por esse mesmo hospital, com seus internos sendo personagens centrais na história do desenvolvimento dos antidepressivos. Foram eles os primeiros a experimentar os efeitos da imipramina, substância inaugural da história da psicofarmacologia da depressão.

Sendo localidade de um grande manicômio, ocorre que, em Münsterlingen, a festa do Carnaval era também a folia dos loucos. Os internos do hospital fabricavam as próprias fantasias, máscaras e adereços e, nos dias da festa, estavam autorizados a passar o dia nas ruas e a brincar com os transeuntes.[3]

O que houve de inusitado no encontro daquele ano foi que o diretor do hospital e psiquiatra Roland Kuhn recebeu o filósofo Michel Foucault, então com 27 anos. O registro desse momento foi possível porque quem tinha levado Foucault até Münsterlingen havia sido o casal Georges e Jacqueline Verdeaux, esta responsável pelos registros fotográficos que foram guardados para a posteridade.[4]

Pouco tempo depois da visita, Kuhn publicaria o estudo que descrevia os efeitos antidepressivos da imipramina e daria um dos passos iniciais no desenvolvimento da psicofarmacologia da depressão. Já Foucault, o convidado daquele Carnaval, revolucionaria o pensamento filosófico com uma obra crítica sobre a apropriação médica da loucura. O filósofo denunciou a atuação do estado e das instituições médicas na normatização da sociedade moderna e o conflito entre a concepção cultural da doença psiquiátrica e o conjunto de técnicas que compõem a medicina convencional e científica. Um conflito que é intrínseco à construção da psicofarmacologia e à sua transformação no formato que impera atualmente. E Foucault não foi o único presente naquele dia que viria a se ressentir com os rumos tomados pela psiquiatria.

O trabalho de pesquisa clínica realizado por Kuhn — com suas observações detalhadas anotadas em cadernos, sem escalas de gravidade nem critérios fechados de diagnóstico, muito menos algum controle dos efeitos placebo — é tão distante dos ensaios clínicos modernos que nos soa primitivo, como algo pertencente a outra era, a um tempo distante que não volta mais. Apesar de a tecnologia dos ensaios clínicos não ser nenhuma novidade até mesmo antes do século 20, foi somente depois da década de 1960 que a metodologia dos ensaios clínicos controlados e o uso de escalas de gravidade foram sendo considerados cada vez mais essenciais para que os órgãos reguladores pudessem aceitar que uma droga fosse indicada para o tratamento de uma doença específica.

Da esquerda para a direita, Roland Kuhn, Michel Foucault e George Verdeaux. Foto tirada por Jacqueline Verdeaux no Carnaval de 1954

No fim da sua carreira, Kuhn se transformou em um crítico do uso exclusivo de ensaios clínicos sistematizados e controlados com placebo na busca por determinar qual era o efeito das medicações psiquiátricas. Ele temia que o uso exclusivo dessa metodologia pudesse resultar em um empobrecimento do fenômeno psíquico tão exagerado que beirava o inaceitável. Para ele, era por demais distante da experiência humana julgar o efeito de remédios com base em critérios de listas de sintomas e de escalas numéricas que tentavam resumir em um único resultado como alguém estava se sentindo. Como um trabalho tão sofisticado quanto observar um paciente na sua rotina diária em busca de pequenos sinais de mudança poderia ser simplificado em um único número? Kuhn passava dias tentando entender seus pacientes, fazia anotações extensas e cuidadosas, levava em conta a opinião da equipe de enfermagem. Apesar de todo esse cuidado, seu trabalho estava sendo substituído por entrevistadores pouco experientes usando uma dúzia de perguntas predeterminadas. O trabalho de dias de observadores especializados era resumido em meia hora de entrevistas. O próprio Kuhn, que havia ajudado a abrir a caixa de Pandora da psicofarmacologia, terminou a vida incomodado com o elefante que ela havia ajudado a criar sendo espremido na caixa de fósforos.

Por outro lado, muitos são os críticos do trabalho de Kuhn a partir da década de 1960.[5] Para esses críticos, a forma como Kuhn conduzia seus estudos até poderia ser aceitável antes da descrição formal das regras para a condução de pesquisas em seres humanos da Declaração de Helsinque, formulada em 1964 pela Associação Médica Mundial. Isso porque, a partir da publicação da declaração, Kuhn teria tido que adaptar seus métodos: formalizar os documentos que comprovassem o consentimento voluntário dos seus pacientes, não usar medicações novas sem informar pacientes e familiares, nem usar medicações no formato injetável sem total anuência dos participantes nos seus estudos. De fato, parece que Kuhn insistiu em seu método próprio de investigação para desvendar os efeitos das medicações à revelia do que o consenso médico e científico da época orientava. A conduta ética de Kuhn foi sem dúvida reprovável.[6] Independentemente das preocupações e dos apontamentos de Kuhn, o fato é que a psicofarmacologia se expandiu drasticamente na era dos ensaios clínicos controlados conduzidos de acordo com as regras estabelecidas na declaração de Helsinque. Dezenas de novas substâncias chegaram às farmácias e porcentagens cada vez maiores da população passaram a consumir antidepressivos. A redução e a banalização da psiquiatria que Kuhn temera e previra, de certa forma, se concretizou.

A psicofarmacologia da depressão, que começou neste livro como um personagem deslumbrante, agora está em crise. Não se trata, claro, de uma crise de consumo. Continuam a existir cada vez mais pessoas usando medicações psiquiátricas com efeito antidepressivo. Inclusive, nos anos da pandemia de covid-19, a tendência de aumento do consumo de antidepressivos e de remédios para insônia e ansiedade só aumentou. No Brasil, uma consultoria que presta serviço para farmácias e sistemas de saúde[7] registrou um aumento de 23% no consumo de antidepressivos entre 2014 e 2018. Segundo seus dados, somente nos primeiros seis meses de pandemia o crescimento do consumo de medicamentos indicados para o tratamento de depressão e ansiedade foi de 14%, em comparação com os seis meses anteriores à pandemia. Segundo dados da Agência Nacional de Vigilância Sanitária (Anvisa), no Brasil, entre janeiro e novembro de 2021 foram vendidos 42 milhões de caixas de antidepressivos do tipo inibidores seletivos da recaptura de serotonina, que inclui os antidepressivos mais populares atualmente.[8]

O aumento do consumo de antidepressivos, no entanto, não implica um aumento correspondente em investimentos para o desenvolvimento de novos remédios. Desde 2011, o Colégio

Europeu de Neuropsicofarmacologia denuncia a tendência de desinvestimento na elaboração de novas drogas para os transtornos psiquiátricos.[9] Investir em novos remédios para depressão e ansiedade ficou muito caro, e as estimativas de retorno se tornam cada vez mais baixas. A crise da psicofarmacologia da depressão é uma crise de expectativa e de investimentos. O que está em falta atualmente é a perspectiva de inovação, o que significa que a psicofarmacologia de amanhã talvez não venha a ser muito diferente da de hoje.[10]

Como a psicofarmacologia dos *blockbusters* da década de 1990, que até hoje só aumenta em mercado consumidor, virou lanterninha dos investimentos da indústria vinte anos depois?

Um dos motivos centrais que explicam a derrocada dessa nossa personagem é o fracasso das neurociências em melhorar radicalmente o efeito das medicações psiquiátricas. Cada vez mais pessoas recorrem a antidepressivos porque a incidência de depressão e ansiedade não diminuiu e, em muitos casos, os transtornos mentais evoluem de forma crônica e requerem tratamentos prolongados. Os antidepressivos são, frequentemente, usados por anos seguidos ou até pelo resto da vida. A promessa que veio atrelada à psicofarmacologia e ao estudo dos seus efeitos sobre o cérebro era muito mais revolucionária do que o resultado efetivamente alcançado.

O psiquiatra estadunidense Thomas Insel foi diretor do Instituto Nacional de Saúde Mental americano (NIMH) de 2002 a 2015, período em que supervisionou a alocação de mais de 20 bilhões de dólares direcionados para a pesquisa em saúde mental e durante o qual era conhecido como "o" psiquiatra estadunidense. Revendo os efeitos de sua gestão, Insel se decepcionou com os resultados dos seus esforços à frente do NIMH e registrou sua decepção no livro *Healing: Our Path from Mental Illness to Mental Health* [Processo de cura: nosso caminho da doença mental para a saúde mental], em 2022. Nele, Insel confessa que sua atuação não foi capaz de alterar a trajetória dos transtornos mentais. Pelo contrário: nos treze anos em que esteve à frente do NIMH, todo o investimento que administrou em pesquisas de ponta não resultou em nenhum tratamento acessível para a maior parte daqueles que sofrem com transtornos mentais. As consequências negativas dos transtornos mentais, inclusive, pioraram nesse período: hoje, as pessoas com transtornos mentais morrem mais cedo, vivem pior e pagam mais pelos tratamentos médicos do que na década de 1990.

No livro, Insel relata que ficou arrasado ao perceber que havia entendido errado os maiores limitantes do tratamento dos transtornos psiquiátricos. Ele achava que nossa capacidade de compreensão do cérebro era o principal limitador. Hoje, no entanto, percebe que não adianta estudar o cérebro se não conseguimos ajudar os seres humanos. Entender o cérebro é extremamente complicado, mas navegar pelo sistema social e de saúde — no caso dele, o estadunidense, considerado um dos mais precários entre os países desenvolvidos — é igualmente desafiador. Na visão de Insel, sem tratar temas como acessibilidade, custo, acolhimento, desigualdade social, sistema carcerário e falta de moradia digna, não será possível reverter a trajetória descendente da evolução das doenças mentais. Ao fazer a autocrítica, ele certamente avança em relação à própria visão biologizante mais radical, apesar de continuar sendo alguém que tem certeza de que os transtornos psiquiátricos não podem ser outra coisa que não doenças do cérebro.

Assim como pensava Insel antes de sua trajetória no NIMH, muitos psiquiatras esperavam, de fato, que com a evolução das neurociências e o aumento do conhecimento sobre o cérebro fôssemos encontrar meios de reduzir expressivamente ou mesmo eliminar algumas doenças mentais. Mas a revolução terapêutica de larga escala que viria do conhecimento das neurociências, que para alguns parecia inevitável, até hoje não se concretizou. Ainda esperamos ansiosamente conhecer os mínimos detalhes dos mecanismos cerebrais e desenvolver algum remédio realmente inovador que faça algo que nenhuma substância até então foi capaz de fazer.

Paradoxalmente, quanto mais estudamos o cérebro, mais difícil se mostra entender a relação entre ele e os sintomas que caracterizam os transtornos psiquiátricos. Isso acontece porque os sintomas não se comportam como bons marcadores de alterações biológicas. Não encontramos pontes transitáveis entre o nível perceptível dos sintomas e a estrutura cerebral. Um mesmo sintoma pode estar associado a miríades de variações do cérebro. Da mesma forma, uma alteração biológica, como a sequência genética que determina a forma de um receptor de neurotransmissor, pode estar associada a diversos sintomas, e até mesmo a nenhum deles.

E não sou só eu que estou dizendo isso. Em 2007, durante a preparação dos nossos mais atualizados manuais de diagnósticos de transtornos mentais, a força-tarefa composta de psiquiatras e pesquisadores empenhada em selecionar marcadores biológicos para depressão concluiu que sua missão não seria possível com o conhecimento que se tinha até então.[11] Nos anos que seguiram a essa conclusão, o cenário não se modificou sensivelmente. Em 2020, outro grupo de pesquisadores chegou a conclusão semelhante depois de revisar os 75 melhores artigos sobre potenciais marcadores biológicos de depressão. De todos os aspectos biológicos avaliados, apenas a quantidade do hormônio cortisol foi associada aos sintomas depressivos. Mas esse marcador, além de ter uma associação fraca (isto é, explica pouco da apresentação dos sintomas), não nos ajudava a prever o risco de desenvolver depressão, nem como os sintomas iriam evoluir, nem como responderiam ao tratamento com medicação ou psicoterapia.[12] Ou seja, apesar de parecer haver alguma relação entre estar deprimido e ter níveis mais elevados do hormônio cortisol, essa relação não tem nenhum poder preditivo, não nos diz quem tem mais risco de ficar deprimido ou quem tem menos chance de melhorar com o tratamento, e não está presente em boa parte dos pacientes deprimidos.

Sem uma base biológica consistente e impactante advinda dos resultados produzidos pelas neurociências, padecemos da ausência de novos alvos para o desenvolvimento de remédios; além, é claro, daqueles alvos que já tínhamos conhecido a partir do efeito dos primeiros antidepressivos. Ficamos com as teorias já existentes, baseadas em neurotransmissores do tipo monoaminas, e trabalhamos basicamente com variações do mesmo tema, as quais ainda são baseadas nas mesmas concepções ultrapassadas sobre as doenças psiquiátricas e suas relações com neurotransmissores.

Atualmente, muitos consumidores já estão ocupados com seus remédios de estimação e apenas aqueles "virgens" ou insatisfeitos com o que já conhecem têm o potencial de migrar para remédios recém-lançados, que são, em geral, mais caros que os que já estão em circulação há muitos anos. Essa parcela menor de potenciais consumidores não consegue abraçar múltiplos lançamentos simultâneos. Por isso não faz sentido manter muitas novidades na linha de produção. Mesmo com cada vez mais pessoas tomando antidepressivos, o fato de já existirem muitas opções no mercado faz com que as novidades não tenham mais tanta chance de expansão como as gerações anteriores de drogas antidepressivas tiveram.

Além disso, entre os grandes compradores de remédios estão os governos e sistemas de saúde. Para vender uma nova droga, provavelmente mais cara que as já existentes, para uma instituição que precisa justificar a alocação sustentável dos seus recursos, é preciso provar que essa nova droga é melhor, em algum aspecto, do que as que já estão sendo distribuídas. Com drogas tão semelhantes entre si como os antidepressivos, acaba sendo muito difícil comprovar a superioridade de uma sobre a outra e convencer governos e sistemas de saúde de que vale a pena pagar mais caro por algo novo.

Assim, muitos executivos das indústrias farmacêuticas reconheceram que a incapacidade de descobrir novos alvos propícios para direcionar o desenvolvimento de remédios inéditos e capazes de revolucionar o mercado desestimulava grandes investimentos em inovação. Eles concluíram que novos remédios, mesmo se aprovados, podiam se tornar apenas mais uma opção diante de tantas outras com efeitos semelhantes, sem chance alguma de repetir o sucesso de antigos *blockbusters*.

O resultado é que quase todas as grandes indústrias farmacêuticas, com algumas exceções, concluíram que o investimento em novas drogas psiquiátricas não se justifica. Surpreendentemente, depois de décadas de muito dinheiro e muita euforia, a indústria farmacêutica optou por tirar o pé do acelerador do desenvolvimento de psicofármacos, apenas mantendo os já consagrados e cada vez mais usados.

Ironicamente, mesmo com o investimento que tivemos anteriormente, o que surge de novidade há muito tempo não tem nada de tão novo. A situação lembra a anedota acadêmica do avaliador que diz para o aluno defendendo a tese que seu trabalho está cheio de coisas boas e de coisas novas, mas as coisas novas não são boas e as coisas boas não são novas. Essa observação caberia bem para uma tese acerca da relevância das neurociências no desenvolvimento de novas drogas nas últimas duas décadas.

E não é só a indústria que está desapontada com a neurociência: em mais uma reviravolta do destino, a própria neurociência se desencantou com a psicofarmacologia. Na polarização entre defensores da psiquiatria biológica e defensores das abordagens psicológicas e sociais, o fato de que remédios melhoram o humor parecia ser uma estaca a ser fincada no coração de quem duvidasse da origem eminentemente biológica dos transtornos mentais. Mas, seguindo pelo caminho biológico, demo-nos conta de que a nossa concepção cultural e social da doença mental foi tão importante para classificar os sintomas emocionais que não conseguimos sequer encontrar uma correspondência direta entre achados biológicos e a nossa classificação das doenças mentais. O que nos obriga a considerar que as doenças mentais são mais do que o conhecimento do funcionamento do cérebro dá conta de explicar.

Mas há quem ainda insista. Cabe falar do movimento chamado Medicina de Precisão, que visa direcionar as melhores intervenções terapêuticas para os pacientes que mais se beneficiarão delas. A ideia de precisão surgiu da experiência com a oncologia: tumores malignos podem ser descritos com base na sequência genética que predomina nas células tumorais para determinar quais quimioterapias serão mais eficientes. Por exemplo, um tumor de mama que contém receptores hormonais tem mais chance de responder à terapia de bloqueio hormonal. A partir dessa experiência, outras especialidades médicas imaginaram que poderiam aplicar modelos semelhantes em suas áreas. Na psiquiatria, no entanto, o modelo teve de ser adaptado, pois os transtornos psiquiátricos não mostraram nada semelhante a variações na sequência de DNA que tivesse aplicação clínica — até existem algumas que se associam à presença dos transtornos psiquiátricos, mas nenhuma com força suficiente para explicar os sintomas da maior parte dos pacientes que sofrem com eles ou que indiquem qual tratamento tem maior chance de sucesso. A Medicina de Precisão teve então de ser expandida para incluir fatores relacionados ao contexto, como renda, escolaridade, condições de trabalho, suporte familiar e comunitário, e, mesmo assim, ainda não conseguiu fazer progressos significativos.

Quando procuramos por fatores que diferenciem pacientes que respondem bem a um determinado tratamento farmacológico, o que descobrimos é que são as condições socioeconômicas que prevalecem, e não qualquer marcador biológico, como alterações de neuroimagem estrutural ou funcional, sequências específicas de DNA ou proteínas que circulam no sangue ou no líquido que envolve o cérebro. No caso da depressão, os fatores que mais se associam à resposta ao tratamento são sexo, idade, estado civil, estar ou não empregado, local de residência e nível educacional. Marcadores biológicos como variações na sequência de DNA só ajudam a identificar quem responde melhor ao tratamento quando são incluídas múltiplas variações em modelos complexos que abarcam também fatores socioeconômicos. E mesmo esses modelos complexos têm uma capacidade de discriminação relativamente baixa.[13]

Na ausência de uma correspondência forte entre sintomas, efeito de remédios e marcadores biológicos, as neurociências decidiram se aventurar por outros territórios, como a busca por intervenções mais diretas no funcionamento cerebral que envolvem, por exemplo, a implantação de eletrodos intracranianos. Para um neurocientista, soa muito mais sedutor interferir com o disparo elétrico neuronal em uma região do cérebro do que procurar um novo alvo químico. Afinal, interferir em alvos químicos é complicado, porque cada neurotransmissor tem múltiplas funções em múltiplos sistemas, sendo praticamente impossível produzir um efeito isolado no funcionamento cerebral usando uma medicação ingerida via oral, que, pela rede sanguínea, vai chegar a todo o cérebro. Já eletrodos milimétricos, posicionados em pontos conhecidos, podem exercer um papel supostamente muito mais previsível e localizado. Para esses neurocientistas, o detalhe da necessidade de abrir buracos no crânio das pessoas para instalar os eletrodos não passa despercebido, mas não lhes parece algo preocupante.

Assim, apesar da crise, a busca por possíveis novos alvos para novos remédios não desapareceu por completo. Os investimentos destinados a drogas completamente inéditas de fato desaceleraram, e as possibilidades mais intervencionistas dos eletrodos se desenvolveram em paralelo.

Outro movimento da psicofarmacologia da depressão foi ressuscitar drogas já conhecidas, porém proibidas, uma vez que os antidepressivos tradicionais decepcionaram e não houve vitória no proibicionismo das drogas de abuso. Os psicodélicos e os componentes da *Cannabis sativa*, por exemplo, são drogas que circulam na sociedade há décadas, mas que haviam sido pouco exploradas no meio médico por motivos legais e moralistas. Nos últimos anos, essas restrições legais e morais começaram a cair. Hoje, essas substâncias estão na crista da onda. Estamos reciclando o que já existia em busca de novas alternativas de tratamento, e com total respaldo da comunidade científica. Figuras centrais da psiquiatria mundial, como o neuropsicofarmacologista inglês David Nutt ou o neurocientista brasileiro Sidarta Ribeiro, assinam artigos em revistas científicas de grande prestígio defendendo o estudo de psicodélicos e derivados da *Cannabis*. Durante muitos anos, a busca pelos efeitos terapêuticos de substâncias como o LSD, a ayahuasca, a psilocibina e a ibogaína foi considerada uma excentricidade, relegada a poucos pesquisadores periféricos. Mas os tempos de marginalidade acabaram: eles representam uma promessa de renovação em um campo que parece pouco capaz de produzir novidades.

Existe, possivelmente, algum potencial terapêutico dos psicodélicos a ser explorado no tratamento de depressão, estresse pós-traumático e dependência química, e de pelo menos dois dos derivados da *Cannabis* — canabidiol e THC — no tratamento da dor crônica e da espasticidade muscular. Porém, é preciso cautela com as novas tendências. É improvável, por exemplo, que os efeitos dos psicodélicos ou derivados da *Cannabis* resolvam todas as formas de depressão em muitas das pessoas que sofrem com sintomas depressivos. Não há dúvida de que algumas pessoas encontrarão certos benefícios, mas isso não significa uma revolução terapêutica em larga escala. Além disso, os psicodélicos e derivados da *Cannabis* são, como todo e qualquer tipo de tratamento farmacológico, capazes de produzir efeitos colaterais e reações adversas. A reabilitação dos psicodélicos e da *Cannabis* é uma boa notícia, mas precisamos de mais pesquisas e mais tempo para conhecer melhor o efeito e os riscos associados ao uso continuado.

Ao contrário do que imaginaram alguns psiquiatras do auge da psicofarmacologia nos anos 1990, nenhum conjunto de substâncias será capaz de superar os transtornos mentais, dada sua complexidade. Como venho defendendo ao longo do livro, isso não significa que não somos beneficiados por substâncias químicas, mas implica uma compreensão que vá além de explicações simplistas e reducionistas para que realmente possamos nos relacionar com o fato de que estamos fadados a conviver com os transtornos mentais que caracterizam cada momento histórico e cada construção social.

Em última instância, todo tempo terá os seus transtornos, e todo transtorno irá requerer cuidados que caibam no próprio tempo. Alguns transtornos serão mais persistentes e responderão melhor aos tratamentos com alvos biológicos, outros se mostrarão mais reativos ao ambiente e não serão tão impactados pelos tratamentos biológicos como os primeiros, apesar de ainda assim se beneficiarem deles em alguns casos. Alguns transtornos podem até deixar de existir, mas provavelmente serão substituídos por outros, que correspondam melhor ao sofrimento humano do momento.

Apesar de o Carnaval dos antidepressivos não ter acabado em folia, a psiquiatria provavelmente continuará existindo e se ocupando de tratar os sintomas emocionais, independente de serem ou não de origem biológica.

Nossa próxima parada é no que existe além dos tratamentos biológicos na psiquiatria, que corresponde às muitas formas de psicoterapia. A história dessas diversas modalidades terapêuticas se desenvolveu dentro da psiquiatria e, em alguns casos, seguiu caminhos paralelos. O distanciamento ou a aproximação de cada linha de psicoterapia do modelo médico se deu por motivos técnicos ou políticos. E é essa a história que iremos contar nos próximos capítulos.

Diferentes visões de mundo

> *A tensão entre uma perspectiva clínica baseada na singularidade e uma perspectiva teórica que necessariamente busca fatores de ordem geral é uma constante no pensamento analítico, e — assim como no caso das classificações psicopatológicas ou no simbolismo dos sonhos — manifesta o fato incontornável de que cada um de nós é um, mas ao mesmo tempo compartilha com outros algumas determinações inerentes à condição humana.*
>
> Renato Mezan[1]

> *Essa Ciência com C maiúsculo não é uma descrição do que os cientistas fazem. Para usar um velho termo, é uma ideologia que nunca teve qualquer outro uso nas mãos do epistemólogo, senão o de oferecer um substituto para a discussão pública. Ela sempre foi uma arma política para abolir as coações da política [...]. Ela foi confeccionada com essa finalidade única e nunca deixou, no passar dos tempos, de ser usada dessa maneira.*
>
> Bruno Latour[2]

A psiquiatria não nasceu biológica nem se tornou exclusivamente biológica. Diversas formas de pensar as doenças mentais ainda coexistem, e a atual preponderância de visões biologizantes não é a única maneira possível. Por isso, vale perguntar:

como viemos parar aqui, neste ponto em que parecemos estar prestes a abandonar a escuta que nasceu com a psiquiatria e que participou da transição dos grandes manicômios para os consultórios?

Essa certamente não é uma história fácil de recuperar. São centenas de personagens, tanto na psiquiatria como fora dela, e uma tonelada de resultados de pesquisa entremeados com discussões políticas e filosóficas, além de pressões econômicas, culturais e sociais. É preciso considerar que trago um recorte, segundo o qual muitas nuances foram sacrificadas. Trata-se da apresentação de um panorama que, na realidade, é bem vasto.

Um dos grandes acontecimentos do início do século passado foi o desenvolvimento das teorias psicanalíticas por Sigmund Freud. Freud era um médico neurologista, formado na mais convencional tradição europeia, que resolveu se aventurar pelo mundo da histeria, um grande mal da época que acometia a população burguesa da Europa. Nesse universo de pacientes, Freud descobriu que o que realmente ajudava era a escuta. Escutar o que pacientes histéricos (ou não) tinham a dizer. A partir dessa escuta, ele desenvolveu um método de terapia — a cura pela fala — e uma forma de compreender os sintomas emocionais: a teoria psicanalítica.

Para psicanalistas, todas as pessoas, doentes ou não, funcionam de acordo com alguns tipos de estrutura psíquica. Em linhas gerais, todas as pessoas são neuróticas, psicóticas ou perversas. Todas experimentam conflitos inconscientes e vivem as consequências. A maioria é neurótica, e, dentro da neurose, há histéricos, obsessivos, fóbicos etc. Os sintomas sem dúvida importam para psicanalistas, mas eles os entendem de acordo com a estrutura na qual aparecem e os interpretam de forma singular, o que, em última instância, só interessa para a pessoa em análise. Para os psicanalistas, os sintomas são uma tentativa parcialmente bem-sucedida de apaziguar um conflito, e, assim, não são entendidos como um corpo estranho a ser extirpado, o que contrasta com a posição da vertente biológica da psiquiatria. Tampouco interessa aos psicanalistas delimitar os conceitos de normal e patológico ou supor que alguém só pode estar em um dos lados, saudável ou doente. Não há uma concepção formal de funcionamento psíquico absolutamente dentro das normas sociais ou de saúde. Psicanalistas definem doenças pela intensidade e pela persistência do sofrimento psíquico. Logo, a psicanálise definitivamente não serve para a delimitação de diagnósticos no formato médico e categórico. Além disso, as concepções teóricas da psicanálise são sempre atualizadas de acordo com as mudanças sociais e culturais, sem resultados facilmente transformados em números ou comprovados por meio de testes de probabilidades. Nas palavras de Freud:

> Nem sempre fui psicoterapeuta. Como outros neuropatologistas, fui formado na prática dos diagnósticos locais e eletrodiagnóstico, e a mim mesmo ainda impressiona singularmente que as histórias clínicas que escrevo possam ser lidas como novelas e, por assim dizer, careçam do cunho austero da cientificidade. Devo me consolar com o fato de que evidentemente a responsabilidade por tal feito deve ser atribuída à natureza da matéria, e não à minha predileção; o diagnóstico local e as reações elétricas não se mostram eficazes no estudo da histeria, enquanto uma exposição minuciosa dos processos psíquicos, como as que estamos acostumados a obter do escritor, me permite adquirir, pelo emprego de algumas poucas fórmulas psicológicas, uma espécie de compreensão do desenvolvimento de uma histeria.[3]

Nessa passagem, ele deixa claro que atribui a teoria psicanalítica à "natureza da matéria", ou seja, ao que ele observou enquanto atendia seus pacientes, e não aos preconceitos prévios que porventura carregasse. Além disso, menciona o formato de novela em que as histórias pessoais são contadas e reconstruídas, dando um sentido singular aos sintomas emocionais.

Não eram só psicanalistas que tinham essa visão. A psiquiatria também foi influenciada por correntes filosóficas como a fenomenologia, que descreve um método de investigação dos fenômenos de todo tipo, inclusive os mentais,[4] e o existencialismo, que valoriza as experiências subjetivas como fonte de conhecimento e que teve contribuições significativas para o estudo do que convencionamos chamar de psicopatologia, ou seja, o detalhamento dos sintomas de doenças mentais e de seus efeitos.

Karl Jaspers foi um dos grandes nomes da fenomenologia que influenciou a psiquiatria. Jaspers ficou famoso pela investigação dos fenômenos psíquicos com base em nexo e contexto e da diferenciação deles entre compreensíveis e explicáveis. Para ele, fenômenos "compreensíveis" são aqueles reativos a situações de vida com as quais qualquer um de nós consegue se identificar; por exemplo, a reação de luto decorrente da perda de um ente querido. Já "explicáveis" são aqueles que não conseguimos justificar por acontecimentos de vida; por exemplo, acreditar de forma irredutível estar sendo perseguido por uma organização secreta, mesmo sendo alguém sem nenhuma característica de interesse para uma organização como essa. Para ser entendido como compreensível ou explicável, o fenômeno precisa necessariamente ser apresentado dentro do contexto de vida da pessoa e com o maior número possível de detalhes biográficos e vivências subjetivas.

Assim como a psicanálise, a fenomenologia não serve bem à delimitação rígida de normal ou patológico. Os fenômenos psicopatológicos são compreendidos em gradientes de gravidade, que podem ser matizados de acordo com o contexto. As formulações fenomenológicas, assim como as psicanalíticas, se mantêm singulares, servindo pouco ao objetivo de generalização da compreensão das vivências emocionais, apesar de existirem conceitos gerais de diagnóstico. Quando casos individuais eram avaliados, esses psicopatologistas costumavam identificar fatores precipitantes da doença de diversas naturezas, desde a hereditariedade até as condições de vida. Portanto, os fatores biológicos sempre foram considerados,[5] mas não ocupavam uma posição privilegiada em relação aos fatores de outras ordens. Nas palavras de Jaspers:

> A medicina é apenas uma das raízes da psicopatologia. [...] Onde quer que o homem, mas não como uma espécie animal, se faça objeto, revela-se que a psicopatologia não é, em sua própria essência, apenas uma forma de biologia, mas também uma *ciência do espírito*. Na psiquiatria se encontra um mundo estranho a todas as outras disciplinas da medicina. Enquanto o estudante de medicina adquire formação preparatória para as outras especialidades na química, física, fisiologia, necessita para a psicopatologia de uma formação preparatória inteiramente diferente. [...] De fato convergem na psicopatologia os métodos de quase todas as ciências. Biologia e morfologia, mensuração e cálculo, estatística e matemática, ciências compreensivas do espírito e métodos sociológicos, todos encontram aplicação.[6]

No livro *Psicopatologia geral*, Jaspers deixa sua posição insistentemente clara. Ao mesmo tempo que não nega que existam fatores biológicos que influenciam no desenvolvimento de transtornos mentais, é radicalmente contrário à tentativa de reduzir os fenômenos psíquicos e emocionais apenas a explicações centradas na estrutura ou no funcionamento do cérebro.

Em oposição a filósofos e psicanalistas, havia os autodenominados psiquiatras biológicos, que teorizavam sobre as doenças mentais partindo da premissa de que uma boa parte dos fenômenos psíquicos teria bases herdadas (genéticas) e estaria relacionada a alterações de estrutura ou de função cerebral. O grande nome dessa linhagem é o psiquiatra alemão Emil Kraepelin,[7] que, apesar de construir histórias ricas em detalhes biográficos sobre seus pacientes e não usar os sintomas fora do contexto de vida de cada um, diferia de Freud ou Jaspers em duas suposições teóricas. A primeira era que os componentes biológicos herdados de gerações anteriores contribuíam de forma necessariamente central para o desenvolvimento de doenças mentais graves. A segunda era que os diagnósticos psiquiátricos podiam ser descritos de acordo com a sua história natural e seu desfecho clínico, levando em conta a evolução dos sintomas ao longo de muitos anos.[8]

Kraepelin morreu em 1926, muitos anos antes de descobrirmos que é a estrutura chamada DNA que carrega a informação genética entre as gerações. Porém, ele já estava, como todos os pensadores da época, familiarizado com a teoria da evolução de Darwin. E, assim como muitos outros, havia caído na armadilha do determinismo biológico,[9] na mentira de que, já que algumas condições podem ser determinadas geneticamente (como traços de aparência física), muitas outras condições também o poderiam ser, inclusive as doenças mentais.

Originalmente, Kraepelin admitia alguma flexibilidade em relação à origem dos sintomas emocionais, mas ainda assim acreditava na chamada teoria da degenerescência, que previa a piora progressiva de quadros de doença mental a cada nova geração de famílias vulneráveis que carregavam uma genética supostamente degenerada. Nas palavras de Kraepelin:

No curso da hereditariedade, a predisposição do indivíduo é determinada por influências de tipos muito diferentes. Por um lado, vemos reaparecerem nos filhos as qualidades pessoais dos pais, sejam elas boas ou más, saudáveis ou doentias; enquanto, por outro lado, as características individuais de cada geração são guiadas em seus caminhos peculiares pelas mais diversas causas; de modo que, lado a lado com a semelhança entre pais e filhos, sempre se desenvolvem inúmeras variações. O resultado geral pode ser um avanço em direção à perfeição ou a deterioração — a "degeneração" — da constituição. Nesse último caso, quando as influências doentias e perniciosas prevalecerem, a nova geração trará consigo as sementes da destruição, que certamente se desenvolverão, a menos que, na história posterior da família, alguma compensação pela degeneração ou alguma diminuição das inadequações peculiares seja adquirida pela miscigenação com sangue mais sadio.[10]

Nesse trecho, a visão de Kraepelin é abertamente preconceituosa. Ele nunca foi discreto com relação aos seus discursos racistas, homofóbicos e antissemitas.[11] Esse determinismo biológico e a teoria da degenerescência tornaram-se ideologias e sustentaram a eugenia. Mais tarde, alguns de seus alunos notórios se tornaram nazistas e eugenistas ativos, participando diretamente do extermínio de pessoas internadas em hospitais psiquiátricos.[12]

A falácia do determinismo biológico também está em confundir características hereditárias com características complexas, ou seja, aquelas que dependem de múltiplos fatores interagindo entre si e resultando em um desfecho imprevisível, como os sintomas da depressão e da ansiedade. Hoje, sabemos que todas as doenças psiquiátricas são características complexas e que nenhuma delas é ou será explicada completamente por fatores biológicos isolados. Kraepelin estava errado. A herança genética que ele estipulou ser um dos principais determinantes da vulnerabilidade para o desenvolvimento de doenças mentais tem uma participação muito menor e muito menos determinante do que ele supôs. E a teoria da degenerescência não tem absolutamente nenhuma base científica e foi amplamente refutada.

Ele também defendia que fazia mais sentido manter registros detalhados dos pacientes ao longo da vida e depois usá-los para identificar quais fatores, que já estavam nas primeiras avaliações de cada paciente, se associavam à evolução posterior daquele mesmo paciente, ou seja, ao seu prognóstico. Nas palavras de Kraepelin:

> O importante do nosso diagnóstico consiste, portanto, nisto: que agora podemos, no início da doença, prever seu resultado em um estado característico de fraqueza, da mesma forma que chegamos a certas conclusões prováveis sobre o curso posterior da doença em estupor circular. O prognóstico, no entanto, não é realmente simples. Se a demência precoce é suscetível a uma recuperação completa e permanente respondendo às rígidas demandas da ciência, ainda é muito duvidoso, se não impossível, de decidir.[13]

Nesse trecho, ele explicita sua preocupação em estabelecer qual é o provável curso (futuro) da doença a partir das suas características iniciais e reconhece que essa não é uma tarefa simples.

A força dessa proposição de Kraepelin está na sua possibilidade de validação matemática e na sua utilidade preditiva para a população, não só para o indivíduo. É possível testar matematicamente se existe associação entre determinados sintomas e um resultado avaliado muitos anos depois. E é possível verificar se uma determinada população, com as características iniciais associadas a mau prognóstico, de fato evolui pior do que outras populações de pessoas com outras características. Esses tipos de teste soam mais objetivos que elocubrações filosóficas ou psicológicas e são mais compatíveis com um pensamento médico-científico preocupado com a validação estatística das suas hipóteses teóricas do que as teorias psicanalíticas ou as formulações de caso fenomenológicas. Porém, cabe a ressalva de que quando esses testes foram efetivamente realizados, seus resultados nem sempre comprovaram as teorias desenvolvidas por Kraepelin. Portanto, o que de fato importa na apreciação das proposições dele para a psiquiatria na sua vertente biológica é que essas proposições sejam testáveis matematicamente, mesmo que não sejam acertadas.

Essa necessidade utilitária aproximou a psiquiatria de Kraepelin da sua formulação diagnóstica mais conhecida, que diferenciava o que ele chamou de demência precoce[14] (hoje chamada de esquizofrenia) e a psicose maníaco-depressiva (hoje chamada de transtorno bipolar do tipo 1). A demência precoce tinha esse nome porque Kraepelin a via como uma doença degenerativa, com perda progressiva de função, ou seja, uma condição de mau prognóstico decorrente de um processo de degeneração que ele supunha ter sido herdado geneticamente. Já a psicose maníaco-depressiva era composta de fases de surto e de normalidade que se alternavam sem necessariamente deixar sequelas definitivas; uma doença de prognóstico ainda ruim, porém muito melhor do que a demência precoce e que não seguia tão rapidamente numa trajetória de degeneração progressiva.

A divisão entre essas duas formas de psicose teve um grande impacto, porque, enquanto a esquizofrenia podia melhorar com os medicamentos que viemos a chamar de antipsicóticos, o transtorno bipolar podia melhorar com os chamados estabilizadores de humor. Ou seja, características dos sintomas iniciais definiam o prognóstico em relação à eficiência de certos medicamentos, tornando muito útil diferenciar esses dois tipos de psicose. Como Kraepelin nos deu a chave[15] para tornar os diagnósticos psiquiátricos úteis e as hipóteses diagnósticas testáveis matematicamente, ele foi o escolhido como a grande referência para as formulações diagnósticas atuais, num movimento conhecido como neokraepeliniano — que é até mais radicalmente atrelado ao reducionismo biológico do que Kraepelin jamais foi.[16]

O movimento neokraepeliniano se notabiliza por acreditar que a melhor forma de entender as doenças mentais, e talvez a única, é apostar que sejam originadas em alterações do cérebro, aproximando a psiquiatria de outras especialidades médicas e a distanciando das ciências humanas. Mesmo quando os psiquiatras biológicos consideram que eventos de vida contribuem para as manifestações das doenças mentais, eles buscam entender essa relação a partir da cicatriz cerebral que essas vivências possam ter deixado. Para esse movimento, a singularidade com que filósofos e psicanalistas construíam suas hipóteses é pouco produtiva e eficiente.

Inicialmente, Kraepelin também chegou a procurar pelas bases biológicas dos transtornos mentais na estrutura cerebral. O estudo do cérebro de pessoas mortas com e sem transtornos mentais, no entanto, não encontrou diferenças significativas de estrutura que pudessem estar associadas aos sintomas relatados em vida. Diante desse fracasso, Kraepelin mudou a centralidade biológica: não procurou mais a estrutura cerebral, mas seu funcionamento. Esse, por sua vez, não podia ser estudado com os instrumentos de pesquisa existentes naquela época, como se faz hoje. Logo, não havia evidências de que os pacientes de diferentes transtornos mentais tivessem ou não o funcionamento do cérebro comprometido. Ou seja, Kraepelin não construiu suas suposições com base puramente experimental. Assim como psicanalistas e filósofos, ele partiu de uma teoria.

Mesmo sem evidências que as sustentem, os neokraepelinianos argumentam que suas propostas seriam objetivas e, portanto, livres de ideologia, em contraste com todas as demais visões relativas às doenças mentais. Essa suposta falta de ideologia e crença no "cientificismo" é ainda hoje uma defesa comum da posição centrada nos fatores biológicos. A ciência que pode ser testada matematicamente e produzir probabilidades é entendida como um método mais objetivo que qualquer outro. A história de Kraepelin mostra outra vez o que apresentamos ao longo do livro: que a ciência "dura", pautada em testes matemáticos, não está imune às nossas subjetividades. Trabalhar com números não nos torna isentos de julgamentos. O que significa que, em última instância, apostar que serão encontradas as origens dos transtornos mentais nas estruturas ou no funcionamento cerebral é uma posição tão ideológica quanto qualquer outra.

O valor das psicoterapias

> [...] *proponho que coletivos de pensamento científico, diante da possibilidade de destruição, deveriam aceitar ativamente que a sua preocupação com "fatos" deve incluir a maneira como esses fatos se tornam importantes para outros coletivos.*
>
> Isabelle Stengers[1]

As diversas linhas de psicoterapia, algumas mencionadas no capítulo anterior, fazem parte também da psicologia, que atualmente é uma disciplina independente da medicina e da psiquiatria. Dentro da psicologia, existem vertentes mais próximas às neurociências e à experimentação, vertentes com mais pontos de contato com a ciência médica aplicada e vertentes mais filosóficas vinculadas às ciências humanas.[2]

Com a guinada em direção às teorias biológicas, baseadas nas teorias de Kraepelin, que a psiquiatria sofreu depois do advento dos remédios antipsicóticos e antidepressivos, alguns novos ramos da grande árvore de linhas psicoterápicas tentaram se aproximar do modelo médico, enquanto outras linhas mais antigas se distanciaram dele, seguindo caminhos próprios.

Considerando as linhas mais antigas, além de Freud, outras figuras importantes na fundação da psicologia são, por exemplo, o psiquiatra Pierre Janet, algumas vezes chamado de patrono da psicologia, e o médico Wilhelm Wundt, considerado o fundador da psicologia experimental, que não chegou a sugerir nenhuma forma de psicoterapia, mas tentou estudar as bases do funcionamento psicológico, dando fundamentação para o behaviorismo que nasceria mais à frente.[3]

As teorias psicanalíticas foram reformuladas ao longo do tempo por muitos discípulos de Freud. Alguns deles romperam com a psicanálise e desenvolveram linhas próprias de psicoterapia. Um dos mais famosos foi o psiquiatra suíço Carl Jung, que fundou a psicoterapia analítica, que se utiliza de conceitos como o inconsciente coletivo e os arquétipos. Na mesma época em que Jung rompeu com a psicanálise, outro discípulo de Freud, o austríaco Alfred Adler, também se distanciou e fundou uma linha própria, conhecida como psicoterapia individual. Já outros discípulos e seguidores desenvolveram desdobramentos do pensamento freudiano sem romper com a psicanálise. De modo geral, dentre aqueles que continuaram se denominando psicanalistas, destacam-se quatro grandes escolas: a escola de Viena, de Anna Freud; a escola inglesa, de Melanie Klein, Donald Winnicott, Wilfred Bion,[4] entre outros; a escola francesa, de Jacques Lacan, Françoise Dolto, entre outros; e a escola dos neofreudianos franceses, de Jean Laplanche, Jean-Bertrand Pontalis, entre outros. Além disso, há outras vertentes, como a medicina psicossomática de Georg Groddeck, a clínica de casos-limite de André Green (entre outros) e diferentes nuances da aclimatação dessas teorias fora da Europa. Por exemplo, na América Latina, temos grandes pensadores da psicanálise que formularam teorias próprias, como José Bleger, Luis Hornstein, Fabio Herrmann, Silvia Bleichmar, entre outros.

Parte dos psicanalistas europeus migrou para os Estados Unidos, carregando consigo o que ficou conhecido como "psicologia do ego", pautada nas teorias de Anna Freud. Em território estadunidense, a psicologia do ego partiu do princípio de que as pessoas carregam um determinado potencial e de que a terapia tem por objetivo ajudá-las a alcançar o máximo desse potencial.⁵ Essa vertente seguiu sem grandes questionamentos sobre o meio ou sobre as limitações inevitáveis da adaptação, servindo melhor à demanda de produtividade e eficiência do que outras linhas da psicanálise.⁶

Mesmo na Europa, as diversas linhas psicanalíticas seguiram caminhos independentes. A escola inglesa, por exemplo, seguiu pela investigação da chamada mente primitiva, focada em vivências infantis precoces, anteriores ao desenvolvimento da comunicação com palavras. Já a escola francesa seguiu um caminho centrado na estruturação a partir da linguagem. O grande pensador da escola francesa, Jacques Lacan, defendia que o inconsciente é estruturado como uma linguagem, e que não é o cérebro humano que compõe o real do inconsciente. Tanto a escola inglesa quanto a escola francesa romperam, pelo menos temporariamente,⁷ com a necessidade de explicações com bases biológicas para suas formulações teóricas, apesar de ambas considerarem o corpo parte essencial do processo de análise.

A partir da segunda metade do século 20, outras transformações das linhas de psicoterapia foram se tornando mais relevantes. Uma dessas transformações foi a que resultou nas terapias ditas "cognitivas", que têm no psiquiatra estadunidense Aaron Beck um de seus grandes teóricos.⁸ A terapia cognitiva é, no fundo, uma herança tardia da psicanálise que se desenrolou a partir da psicologia do ego. Um dos fundamentos da terapia cognitiva é a correção do que se entende por pensamentos, comportamentos e emoções disfuncionais por meio da reestruturação cognitiva, que se dá com questionamentos e experimentos mentais, por exemplo, imaginar como seria se nossos maiores medos se concretizassem.

Em paralelo ao desenvolvimento de teorias cognitivas, também nos Estados Unidos, nasceu o behaviorismo, esse sim completamente apartado de qualquer fundamento psicanalítico.

Essa vertente representa uma forma de psicoterapia baseada nas teorias de Burrhus Skinner, um psicólogo experimental, herdeiro de Wundt, que tentou encontrar leis universais capazes de explicar o comportamento observável, tanto de humanos quanto de animais não humanos. São do behaviorismo, por exemplo, conceitos como o de reforço ou de extinção de um comportamento, que seguem leis comuns em humanos e animais não humanos.

Diferentemente dos cognitivistas, behavioristas entendem que o sintoma não é um erro de adaptação, mas uma reação adaptativa. Além disso, consideram o pensamento um comportamento como qualquer outro, submetido às mesmas leis, e não uma entidade superior que controla as demais formas de comportamento. A incompatibilidade da teoria cognitiva com o behaviorismo, no entanto, não impediu que algumas técnicas consagradas do behaviorismo, como a famosa exposição a situações de medo,[9] fossem incorporadas pela terapia cognitiva para formar a terapia cognitivo-comportamental (TCC).

A TCC, por sua vez, ganhou destaque como uma terapia centrada no objetivo de reduzir sintomas como desânimo, ansiedade, pensamentos repetitivos etc. Ou seja, na qualidade de uma terapia focada em um desfecho predeterminado, estabelecido a partir de um ou mais diagnósticos psiquiátricos. Além disso, para o deleite dos médicos especializados em ensaios clínicos de intervenção, a TCC se mostrou facilmente replicável, podendo ser descrita em manuais detalhados e permitindo que diversos terapeutas conduzam processos de terapia de forma homogênea. A manualização das terapias é considerada o modo mais eficiente para garantir o sucesso dos ensaios clínicos que avaliam o efeito do tratamento psicoterápico, por isso a TCC se tornou muito palatável para os testes clínicos.

Ela também embasou uma linha mais recente de psicoterapia conhecida como terapia positiva, uma forma que busca o bem-

-estar e a melhor qualidade de vida enfatizando aspectos positivos. Ela valoriza as escolhas individuais e o conceito de resiliência, tornando-se a resposta mais extrema às demandas atuais de produtividade e rendimento. Com a terapia positiva, não precisamos mais perder tempo analisando acontecimentos negativos: basta ser mais positivo que o futuro feliz está garantido.[10]

Já os behavioristas que não foram absorvidos pelas teorias cognitivas seguiram outros rumos. Alguns deles abandonaram o rigor experimental para desenvolver intervenções terapêuticas mais abrangentes, o que resultou na chamada "terceira onda" do behaviorismo e nas consequentes intervenções, como a terapia de aceitação e compromisso e a terapia comportamental dialética. Essas últimas ganharam visibilidade no tratamento de quadros graves, como o transtorno de personalidade borderline.[11]

Um movimento ainda mais recente da psicologia estadunidense foi a incorporação de técnicas de meditação vagamente baseadas no conhecimento de filosofias orientais ao repertório das linhas cognitivas, cognitivo-comportamentais, e à terceira onda behaviorista. Esses métodos de meditação são conhecidos como *mindfulness* ou meditação de atenção plena. As técnicas de *mindfulness* visam instrumentalizar o indivíduo para torná-lo capaz de não sofrer pela culpa por acontecimentos passados ou pela preocupação com eventos futuros. E, na última década, ganharam grande destaque tanto no meio médico quanto entre o público geral.

Além da psicanálise, das teorias cognitivas e do behaviorismo, várias outras linhas de psicoterapia se desenvolveram em paralelo, com maior ou menor sucesso e capacidade de disseminação. Para citar algumas, vale mencionar: a terapia humanista, criada a partir de teorias do psicólogo Carl Rogers, que definia sua abordagem como centrada na pessoa; a Gestalt-terapia, criada pelos psicoterapeutas Fritz e Laura Perls, baseada em princípios como a homeostase (autorregulação de todas as formas de vida) e a pregnância (de que toda construção vital será a mais simples possível); e o psicodrama, do médico e dramaturgo Jacob Levy Moreno, que deu grande incentivo às terapias em grupo.

A partir desse caleidoscópio de linhas de psicoterapia, as técnicas que ganharam mais força dentro do meio médico foram a TCC, algumas abordagens com base behaviorista e as técnicas de *mindfulness*. Foram elas que se mostraram mais compatíveis por causa da aplicabilidade de medidas de resposta a partir de escalas baseadas em sintomas, pelo aspecto manualizável e pela duração predefinida do número de sessões. Afinal, esse último aspecto ajuda muito no cálculo de custo de um tratamento e é de grande interesse prático para as operadoras privadas e os sistemas públicos de saúde.

Por isso, a TCC, as técnicas de base behaviorista e as de *mindfulness* são as terapias que aparecem com mais frequência nos ensaios clínicos que visam estabelecer a eficácia das psicoterapias. Em outras palavras, são terapias que se encaixam melhor no modelo médico, mas não necessariamente são melhores que as demais. Por conta da quantidade de estudos, a TCC ficou conhecida como uma terapia "baseada em evidências". Já a psicanálise, suas linhas e suas dissidências são erroneamente tratadas como se fossem intervenções sem embasamento científico.[12]

Esse erro chega ao ponto de o discurso dos psiquiatras, psicólogos e terapeutas biológicos agrupar pejorativamente as linhas psicodinâmicas como psicanálise e linhas derivadas sob a alcunha de *talking therapies*[13] ("terapias pela fala" ou, grosso modo, blá-blá-blá). As *talking therapies* são, por sua vez, contrapostas aos *treatments that work*[14] ("tratamentos que funcionam"), que seriam sobretudo as intervenções biológicas, a TCC e algumas formas de terapia comportamental.

Essa oposição é falaciosa, pois existem resultados positivos tanto para TCC quanto para as terapias psicodinâmicas em muitos ensaios clínicos que testaram a eficácia dessas técnicas no tratamento da depressão e da ansiedade.[15] E não há ensaios clínicos que tenham comprovado que as terapias psicodinâmicas sejam efetivamente inferiores à TCC. Alguns psicanalistas defendem, inclusive, que a hegemonia da TCC no discurso médico deve ser combatida por meio de ensaios clínicos de intervenção que incluam a psicanálise como forma de tratamento.[16] No entanto, a manualização e a perspectiva central de redução de sintomas, tão caras aos ensaios clínicos de intervenção, só são aplicadas com muita dificuldade à psicanálise e mesmo ao conjunto de terapias psicodinâmicas. Em outras palavras, a psicanálise e as terapias psicodinâmicas não são facilmente redutíveis ao modelo médico.[17] Até porque essas formas de psicoterapia não são um instrumento direcionado para a redução de sintomas, uma vez que o encaram como parte da história do paciente, algo que não é passível de remoção, mas sim de elaboração.

Enquanto isso, a TCC e as técnicas conhecidas como *mindfulness* não só se encaixam bem nos ensaios clínicos de intervenção como também respondem diretamente à demanda de produtividade. Essas técnicas prometem reduzir os sintomas num tempo predeterminado e "consertar" o indivíduo para que ele se mantenha produtivo. Esse conserto se dá por meio da aplicação de técnicas e exercícios que podem, inclusive, ser incorporados em modelos de tratamento pela internet com contato mínimo com terapeutas, ou até em protocolos guiados por aplicativos de celular. Essas linhas de psicoterapia certamente agradam quem procura por eficiência e por previsibilidade, mesmo que esta funcione somente no curto prazo.

Já entre as principais vertentes da psiquiatria atual, a vertente radical da psiquiatria biológica costuma ser a que melhor se adapta a esse papel de recuperar a produtividade perdida de forma eficiente. Ao reduzir sintomas a neurotransmissores, tudo parece muito mais simples: é só um desequilíbrio químico que pode ser resolvido com um remédio. Quando os remédios falham, recorre-se às psicoterapias direcionadas à redução de sintomas, como a TCC. Quando remédios e a terapia falham, recorre-se à eletroconvulsoterapia (também chamada de eletrochoque), à estimulação magnética transcraniana ou à estimulação elétrica transcraniana por corrente contínua. Em última instância, implantam-se eletrodos no cérebro e ativam-se ou desativam-se determinadas regiões cerebrais. Psiquiatras da vertente biológica não questionam se há algo de perturbador relacionado à nossa forma de vida e ao que significa a nossa eterna busca por eficiência.

O entorno lhes parece um problema apenas quando impede o acesso aos tratamentos que supostamente funcionam ou quando prejudica os mecanismos de resiliência. Os traumas psicológicos certamente entram na conta dos psiquiatras dessa vertente, mas não a ponto de fazê-los questionar as demandas sociais de competitividade e produtividade.

No entanto, o que não fica claro com a argumentação centrada na eficiência de curto prazo é que as soluções sintomáticas são soluções limitadas. A simples redução sintomática oferecida por esses métodos não faz desaparecer o que gerou os sintomas. Com isso, eles voltam a aparecer, às vezes em um formato diferente do original e com um sofrimento reeditado.

Os processos psicanalíticos, por sua vez, são longos porque, como ficou exemplificado em várias histórias clínicas contadas ao longo deste livro, os conflitos inconscientes que aparecem quando paramos para escutar são dolorosos e levantam inúmeras formas de resistência. Afinal, nenhum de nós gosta de reconhecer que é vulnerável, invejoso, violento ou ressentido. Não é possível digerir tamanho mal-estar sem muito trabalho. Porém, realizar esse trabalho vale a pena porque abre caminhos antes impensáveis e permite que cada pessoa construa uma saída única, que pode ou não se encaixar nos modelos sociais vigentes. Uma saída que parte não de um conceito de saúde universal, mas de um sentido dado pela própria história pessoal.

Assim como ocorre com as formas de psicoterapia voltadas para as relações interpessoais e dinâmicas de funcionamento psíquico, as discussões filosóficas sobre nossas condições de existência são classificadas também como perda de tempo e ausência de ciência por muitos psiquiatras da linhagem biológica. O que importa do ponto de vista biológico é colocar as pessoas de volta em atividades produtivas, fazendo com que o cérebro funcione do jeito que (acham que) deve funcionar, permitindo que as pessoas trabalhem, paguem suas contas, se relacionem e não destruam nada pelo caminho.

O fato de vivermos tempos difíceis, nos quais qualquer fantasia de progresso contínuo e irrefreável em direção a um mundo melhor não pode mais funcionar, é uma informação ignorada na centralidade biológica. Os nossos filhos terão mais dificuldades financeiras do que nós tivemos, as tragédias climáticas vão se tornar cada vez mais frequentes, haverá novas guerras, novas pandemias, novos ciclos de fome, mais migrações desesperadas. Enquanto isso, os poucos beneficiados em bolhas urbanas vão ser cobrados por desempenho e eficiência. Vão se sentir eternamente em dívida, exaustos, atrasados e falhando. Mas essa condição não interessa. O que importa para os psiquiatras biológicos é tratar o cérebro para que sejamos resilientes e toleremos estes tempos incertos rumo a um futuro que ninguém sabe como vai ser.

O monstro que precisa sair do armário

> *O esclarecimento da culpa é também o esclarecimento da nossa nova vida e suas possibilidades. É dela que brotam a seriedade e a decisão.*
>
> Karl Jaspers[1]

O risco inerente a qualquer pensamento reducionista é a produção de soluções míopes, que só enxergam o que está muito próximo e ignoram qualquer outra perspectiva. Que falham em reconhecer os limites da ignorância e que, infelizmente, podem ter consequências desastrosas, mas que poderiam ter sido previstas não fosse a falta de perspectiva de pessoas em posições de poder e a dificuldade humana de assumir que certas soluções só podem ser complexas, demoradas e imperfeitas.

Exemplos de desastres resultantes de soluções míopes não são poucos. Um dos mais famosos foi a tentativa do líder chinês Mao Tsé-Tung de acabar com a fome em seu país exterminando os pardais que consumiam parte da produção agrícola. Afinal, se cada pardal come quatro quilos de nabo por ano, para cada um que for abatido sobrarão quatro quilos de nabo. Uma solução simples para garantir mais alimentos para os seres humanos.[2]

O resultado da aplicação dessa solução míope foi um desequilíbrio ecológico brutal e uma praga de gafanhotos e lagartas que consumiu grande parte da produção agrícola (certamente muito mais do que os pardais exterminados teriam feito) e agravou a falta de alimentos para os chineses por décadas. Ou seja, uma solução simples e errada. Ou melhor, desastrosa. Baseada em uma informação verdadeira, mas que foi tirada de contexto. O erro foi ignorar que esses mesmos pardais consomem toneladas de gafanhotos e larvas, os quais consomem os produtos agrícolas. Algo que já era conhecido quando Mao Tsé-Tung tomou sua decisão, mas que ficou de fora dos cálculos de seus conselheiros, que provavelmente viviam aterrorizados pela perspectiva de desagradar o chefe supremo e não tinham nenhuma sugestão simples que tivesse o poder de impedir que a população fosse devastada pela fome.

Na psiquiatria, também houve desastres resultantes de soluções míopes baseadas em resultados científicos tirados de contexto. Um dos capítulos mais monstruosos da história da psiquiatria, e também da história da medicina, é certamente aquele que inclui o procedimento cirúrgico chamado de lobotomia (ou leucotomia)[3] e o prêmio Nobel de medicina[4] laureado ao neurologista português Egas Moniz, inventor desse procedimento que deixou sequelas horrorosas em pessoas com quem as instituições médicas da primeira metade do século 20 falharam miseravelmente.

Pelo menos desde o final do século 19, psiquiatras estão atrás das origens cerebrais das doenças mentais. Muitas dessas teorias surgiram a partir de observações dos efeitos de lesões cerebrais acidentais em humanos ou dos experimentos com animais não humanos. Esses acidentes e experimentos indicavam que, pelo menos para algumas funções, havia uma relação entre a área do cérebro e a execução da função. Logo, na busca por explicações cerebrais para as doenças mentais, a pergunta que parecia mais adequada naquele momento era: onde estariam alojadas as funções prejudicadas nas doenças mentais?

O candidato mais auspicioso para abrigar essa origem parecia ser o lobo frontal. Isso porque havia relatos de mudança de personalidade depois de lesões frontais, ao mesmo tempo que essas lesões não pareciam comprometer gravemente a capacidade motora nem sensorial de humanos e de animais. Ou seja, seres humanos e animais manifestavam alterações em seu comportamento habitual, mas continuavam andando e reagindo a estímulos dolorosos, visuais e auditivos mesmo depois da retirada ou da perda dessa parte do cérebro.

Enquanto essas teorias avançavam, um psiquiatra suíço chamado Gottlieb Burckhardt inaugurou, em 1888, tentativas de tratamento das doenças mentais por meio de procedimentos cirúrgicos no cérebro. No entanto, a reação negativa da opinião pública conteve a expansão dos ímpetos cirúrgicos.[5] Burckhardt abandonou seus planos, e os cérebros das pessoas que sofriam de doenças mentais foram poupados. Mas não por muito tempo.

Na década de 1930, a repercussão negativa não foi mais capaz de conter o furor dos cirurgiões. O primeiro passo em direção ao desastre foi a apresentação, em 1935, em um congresso de neurologia, dos resultados de um experimento realizado em dois chimpanzés pelos pesquisadores fisiologistas John Fulton e Carlyle Jacobsen. Chimpanzés são animais que costumam demonstrar reações de agressividade quando frustrados, e Fulton e Jacobsen observaram que, depois da retirada cirúrgica de parte do lobo frontal[6] desses animais, essas reações não aconteciam mais. Os dois chimpanzés lobotomizados se tornaram animais calmos e dóceis.

Egas Moniz assistiu a essa apresentação e questionou os dois fisiologistas sobre a possibilidade de um procedimento semelhante poder ser aplicado para o controle da ansiedade em humanos. O próprio John Fulton relatou que não estava preparado para responder ao questionamento de Moniz, pois teria ficado chocado só de imaginar a execução da retirada de parte do lobo frontal de humanos.[7]

A hesitação de Fulton, no entanto, não foi compartilhada por Moniz. Além da observação dos efeitos da lobotomia nos chimpanzés, Moniz tinha outra fonte de informação: um único paciente, que sobrevivera por muitos anos depois da retirada do lobo frontal por causa de um tumor, em 1930, e que foi acompanhado depois da cirurgia pelo médico Richard Brickner. Brickner realizava esse acompanhamento com exames neurológicos periódicos e algumas escalas que pretendiam medir certas funções cerebrais. Com essas avaliações, Brickner concluiu que o paciente em questão havia tido uma boa recuperação depois da retirada do lobo frontal e que seu funcionamento cognitivo fora preservado.[8] Uma conclusão claramente equivocada, dada a limitada avaliação de funções cognitivas executada, mas que naquela época não foi questionada.[9]

Assim, com base em dois chimpanzés e um único ser humano, Moniz idealizou o método cirúrgico conhecido como leucotomia. Um procedimento desenvolvido em colaboração com o neurocirurgião Pedro de Almeida Lima, no qual os lobos frontais não eram removidos, mas eram desconectados das demais regiões do cérebro. Um ano depois da apresentação de Fulton, foi a vez de Moniz apresentar os resultados dos vinte primeiros pacientes humanos submetidos à leucotomia. Na visão de Moniz e Almeida Lima, eles haviam obtido grande sucesso. Os seus primeiros pacientes eram internos de hospitais psiquiátricos que sofriam de grande agitação, e boa parte deles ficou muito mais calma depois da cirurgia. Alguns, inclusive, deixaram o manicômio e retornaram para a casa de familiares. Completamente indiferentes e incapazes, porém pacíficos. Com esses resultados, Moniz e Almeida Lima estavam certos de que tinham desenvolvido algo muito incrível. E infelizmente a empolgação não afetou só a eles.[10]

Nos Estados Unidos, o procedimento foi modificado pelo neurologista Walter Freeman em colaboração com o neurocirurgião James Watts. A inovação criada pela dupla reduziu o tempo necessário para realizar a cirurgia, tornando possível a execução de muitas intervenções em pouco tempo. Na Inglaterra, o neurocirurgião Sir Wylie McKissock, que aplicou o método de Freeman e Watts em larga escala, dizia que um neurocirurgião bem treinado demorava entre seis e dez minutos para realizar uma leucotomia. No Brasil, o neurocirurgião Aloysio de Mattos Pimenta foi o responsável pela inclusão da leucotomia no hospital do Juquery, que chegou a ser o maior hospital psiquiátrico da América Latina em número de internos.[11]

O resultado dessa empreitada foi que, durante duas décadas, dezenas de milhares de pessoas,[12] incluindo crianças e adolescentes, foram submetidas à desconexão de seus lobos frontais e, se não morreram por complicações do procedimento, conviveram pelos anos seguintes com as sequelas terríveis da intervenção.[13] Mesmo quando bem-sucedida, a leucotomia pode não atrapalhar a capacidade de realizar cálculos matemáticos, mas roubará as motivações e emoções. Na melhor das hipóteses, restam seres passivos e inertes. Tão indiferentes que não conseguem nem mesmo reconhecer a tragédia que se abateu sobre si.

O que é ainda mais espantoso é que os vários pesquisadores que se debruçaram sobre essa história não atribuem a interrupção dos procedimentos de leucotomia a uma revolução popular ou a políticas governamentais. Esses autores relacionam o fim da realização da leucotomia à descoberta dos efeitos da clorpromazina, o primeiro remédio com efeito conhecidamente antipsicótico. Ou seja, o sucesso da clorpromazina teria tornado a leucotomia um procedimento desnecessário. Se esses pesquisadores estiverem certos, isso significa que convivemos por duas décadas com a leucotomia sem nos darmos conta de quão míope e absurda era essa suposta solução. Uma solução baseada num reducionismo biológico não só radical como também brutal.

Questionar o reducionismo biológico que afirma categoricamente que doenças psiquiátricas são doenças do cérebro, portanto, não é, como muitos pensam, um ataque à psiquiatria. Muito pelo contrário. É uma forma de evitar que a psiquiatria incorra em erros que ameaçam sua existência, como o de abraçar a leucotomia como solução para transtornos mentais e sintomas emocionais.

Agora que já conhecemos o monstro, podemos tirá-lo do armário.

Determinantes sociais

> *A cultura molda os roteiros que as expressões de sofrimento seguirão.*
>
> Rachel Aviv[1]

> *Na situação atual, o negro pode ser consciente de sua condição e das implicações histórico-políticas do racismo, mas isso não impede que ele seja afetado pelas marcas que a realidade sociocultural do racismo deixou inscritas em sua psique.*
>
> Isildinha Baptista Nogueira[2]

É verdade que a vida mental depende da integridade do cérebro. No entanto, não é verdade que a intervenção direta no cérebro é a melhor forma de produzir mudanças na vida mental. Isso porque sintomas emocionais não são necessariamente um sinal de que algo esteja errado no funcionamento cerebral. Sintomas emocionais muitas vezes são uma resposta ao contexto no qual estamos imersos, uma resposta de cérebros totalmente sadios do ponto de vista celular, molecular ou funcional. Logo, quando meninas afegãs manifestam o desejo de morrer depois de serem proibidas de estudar, isso não é uma crise de saúde cerebral ou mental. É uma crise política e humanitária.

Do mesmo modo, uma pessoa negra ter medo de ser parada em qualquer bloqueio policial não é um sintoma de ansiedade. Pode ser, inclusive, o resultado de um cálculo inconsciente de probabilidades bastante acertado. E, se fomos capazes de criar um cenário no qual a cor da sua pele determina sua chance de morrer vítima de violência urbana, violência policial ou doenças infecciosas, estamos diante, mais uma vez, de um fracasso social e humanitário. Mesmo o melhor cérebro humano viverá coagido. E se nos pusermos a trabalhar para aplacar a angústia de pessoas que têm plena consciência das suas chances desigualmente limitadas de continuar vivendo, seremos apenas mais um agente de opressão racial. O convívio possível com essa angústia é uma construção singular que pode ou não passar por ativismo político ou subversão da ordem imposta. Nós, psiquiatras, podemos acompanhar essa construção, mas não podemos determinar qual será sua conclusão nem supor que ela não seja necessária. A revolta e a insubordinação são consequências possíveis e não devem ser patologizadas, ou seja, não devem ser classificadas como sintomas de transtornos psiquiátricos.

Por isso, a psiquiatria não pode ser apenas mais uma especialidade médica. Nós, psiquiatras, precisamos estar conectados com as questões políticas e sociais para não corrermos o risco de confundir reações ao contexto com sintomas deslocados de sentido. E essa certamente não é uma posição inédita. Temos diversos exemplos de psiquiatras, psicólogos, sociólogos, filósofos e psicanalistas que vieram a questionar os efeitos das heranças culturais e sociais na formação do psiquismo. Questões relacionadas ao racismo e aos efeitos da dominação colonial, por exemplo, foram denunciadas, na década de 1950, pelo psiquiatra antilhano Frantz Fanon,[3] que, no nosso meio, teve sua obra revisitada pelo sociólogo Deivison Faustino.[4] Ainda, com o olhar voltado para as questões feministas, esses questionamentos também foram trabalhados pela filósofa Sueli Carneiro.[5] E isso só para citar alguns dos muitos nomes envolvidos na discussão quanto aos efeitos do racismo, da dominação colonial e da desigualdade de renda que modificam nossa forma de sofrer e de compreender nosso próprio sofrimento.[6]

Além disso, se quisermos continuar relevantes em um mundo em ebulição, nossas intervenções terapêuticas têm de ir além da indicação de remédios, de terapias centradas na redução de sintomas, de métodos de estimulação para o cérebro e de procedimentos de modificação direta do funcionamento cerebral. Não podemos estar preocupados somente com neurônios, neurotransmissores e a eliminação de sintomas.

Algumas iniciativas internas à própria psiquiatria vêm sendo construídas com o intuito de recuperar uma visão menos reduzida. E, por mais que hoje essas iniciativas ainda não sejam tão sedutoras quanto propostas de manipulação cerebral, elas sinalizam que um futuro alternativo, que não se deslumbre com soluções ultratecnológicas, ainda é possível.

O mais recente manual de diagnósticos da Associação Americana de Psiquiatria (APA), o DSM-5, foi idealizado para ser um manual baseado em resultados científicos que confirmassem a existência de marcadores biológicos das doenças mentais. Como não há resultados consistentes nesse campo, o DSM-5 acabou por repetir a velha forma de listas de sintomas que respondem, muitas vezes, a pressões ideológicas, políticas e econômicas, além das propriamente científicas.

Recentemente, no entanto, o DSM-5 ganhou uma revisão, o DSM-5-TR,[7] que, segundo a própria APA, se mostrou necessária por conta de preocupações levantadas por psiquiatras e por outros profissionais da área de saúde mental. O que essa revisão trouxe de novo foi a inclusão de determinantes sociais de saúde mental. Apesar de carregar um peso técnico, ainda não é totalmente claro quais aspectos o termo "determinantes sociais de saúde mental" engloba. Como orientação geral, o DSM encoraja os profissionais da área a considerar como cada paciente é influenciado pela sua posição em estruturas sociais e hierárquicas que determinam a exposição às adversidades e o acesso aos recursos assistenciais.

Essa revisão do DSM-5 foi criticada por ser inconsistente ao passar a falsa impressão de que apenas alguns diagnósticos são atravessados por questões sociais,[8] enquanto a evidência indica que *todos* os transtornos mentais são, de alguma forma, atravessados por elas. Apesar dessas limitações, essa revisão representa uma melhora em relação ao discurso que prevalecia até então. E o mais interessante é que a APA conseguiu admitir que o fato de existirem determinantes sociais de saúde mental é mais corroborado por evidências científicas do que a relação entre os sintomas emocionais e os tais marcadores biológicos. No ponto da ciência em que estamos, conseguimos dizer claramente que desigualdade social, racismo, condições precárias de moradia, insegurança alimentar e outras condições socioculturais intensificam o sofrimento emocional a ponto de aumentarem a frequência com que as pessoas descrevem sintomas que podem ser classificados como parte de um transtorno psiquiátrico.

As pesquisas que confirmam a existência de determinantes sociais dos transtornos psiquiátricos se ancoram tanto nas neurociências quanto nas ciências sociais. O primeiro exemplo não vem de nenhum terreno desconhecido aos psiquiatras biológicos. Ele vem de dentro da mais tradicional pesquisa em neurociência, de grupos de pesquisadores que trabalham, assim como eu, com imagens coloridas do cérebro, construídas por meio de ressonância magnética estrutural ou funcional.

No lugar de estudar a estrutura e o funcionamento cerebral com o objetivo de descobrir onde posicionar eletrodos para o tratamento de sintomas emocionais, esses pesquisadores estudam o cérebro com outro objetivo: desvendar como as experiências de vida modificam a forma como o cérebro se organiza, a fim de propor intervenções no ambiente externo (e não no cérebro) que favoreçam o desenvolvimento emocional.

É desses grupos de pesquisa, por exemplo, o achado de que a qualidade dos processos de urbanização influencia o desenvolvimento cerebral. O que confirma que cidades mais arborizadas têm mais chance de propiciar melhores condições emocionais para quem mora nelas.[9] Eles também descobriram que ambientes mais densamente povoados nos tornam mais sensíveis aos efeitos de demandas de alta competitividade. E essa seria uma das hipóteses que explicaria por que adoecemos mais do ponto de vista psiquiátrico em ambientes urbanos competitivos. Essa constatação, por sua vez, nos faz refletir sobre os modelos de sucesso e fracasso que permeiam a vida nas grandes metrópoles.[10] Outro tema caro aos pesquisadores que interagem com as ciências sociais é o efeito dos processos de migração resultantes de conflitos e desastres econômicos e ambientais.[11] E não menos importante é a questão dos efeitos da desigualdade social e de experiências de racismo sobre o desenvolvimento cerebral.[12]

A abordagem desses grupos de pesquisadores, que os diferencia da pesquisa direcionada para a modificação direta do funcionamento cerebral, é o que permite que eles incorporem preocupações com o nosso futuro climático, com o processo desordenado de ocupação urbana e com os efeitos das migrações forçadas, do racismo e da desigualdade social. Nesse contexto, as propostas que surgem para melhorar a vida das pessoas incluem a conservação ambiental e o planejamento urbano, além de medidas antirracistas, que promovam a redução da desigualdade social e racial e que favoreçam a adaptação de pessoas que foram obrigadas a se deslocar de seus países de origem.[13] Medidas essas que não podem ser tomadas de maneira isolada por psiquiatras e que demandam discussões políticas e sociais.[14] De todo modo, ainda que não se restrinjam ao escopo da psiquiatria, essas medidas são capazes de favorecer uma quantidade muito maior de pessoas do que eletrodos posicionados dentro do cérebro.

Ao expandir nosso campo de visão, nós, psiquiatras e neurocientistas, somos capazes de ser mais eficazes do que se ficarmos ensimesmados, procurando alternativas centradas na nossa atuação direta em processos cerebrais. Claro que a neurociência ainda deve ser estimulada e desenvolvida mesmo que não haja nenhum vislumbre de aplicação prática, pelo simples motivo de que nunca sabemos de onde ela virá. Mas também é verdade que, quando buscamos por aplicação, atingimos mais pessoas por meio de modificações políticas e ambientais do que ao investir em intervenções farmacológicas, de neuromodulação ou neurocirúrgicas. E aqui também é claro que a abordagem ampliada não exclui nem torna desnecessária a intervenção individual.

Nessa perspectiva ampliada, nós não somos os detentores das respostas, somos apenas parte dos agentes que guiam as perguntas.

As possibilidades de colaboração com outros campos do conhecimento não acabam aí. Outra iniciativa interna à psiquiatria convencional, que não se intimida com os limites do cérebro, é a discussão a respeito das limitações dos ensaios clínicos de intervenção. Apesar de esses ensaios serem essenciais para estabelecer se um tratamento funciona, a forma como o tratamento é conduzido nesses ensaios é tão distante da realidade da clínica psiquiátrica comum que é preciso criar outros modelos de estudos para avaliar o real impacto dos tratamentos fora do ambiente de pesquisa.

Entra nessa discussão também o fato de o formato dos protocolos clínicos baseados nos resultados dos ensaios duplo-

-cegos randomizados ser centrado exclusivamente na decisão médica. Isto é, os protocolos clínicos falham em estimular o compartilhamento da informação com os pacientes para que esses possam participar diretamente da decisão sobre os tratamentos aos quais serão submetidos. Dessa discussão nasceu um movimento que é algumas vezes chamado de decisão clínica compartilhada (traduzido de *shared decision-making*) e que, apesar de tímido, já permeia os artigos de opinião nas principais revistas acadêmicas de psiquiatria.[15]

Esse movimento pode vir a modificar a forma como agimos dentro dos nossos consultórios, porque considerar a opinião de quem será submetido a um determinado tratamento requer tempo e relações de confiança. Além disso, é preciso aprimorar a escuta. Compartilhar a decisão clínica não é um ato de convencimento, mas de colaboração, que depende de uma escuta ativa e de um interesse genuíno. Essa necessidade de colaboração recupera algo que parecemos ter esquecido: que relações entre médicos e pacientes não são redutíveis a um acordo comercial de venda de serviço, que seu resultado não depende exclusivamente do efeito dos remédios ou da estimulação cerebral. A relação entre médicos e pacientes é uma relação de confiança, pessoal e que depende de trocas bilaterais.

Epílogo

Cinco anos depois do lançamento da droga que prometia acabar com a depressão em minutos ou horas, a psiquiatria parece não estar mais sob ameaça de ser absorvida pela neurologia. Em parte, por conta da covid-19 e do aumento da preocupação no debate público com a saúde mental. O status de psiquiatras, psicólogos e psicoterapeutas foi elevado durante a pandemia, quando o sofrimento emocional se intensificou, chegando a ser personagem popular e midiático.

Essa renovação da esperança na atuação de psiquiatras e psicoterapeutas ocorre ao mesmo tempo em que as mudanças climáticas mostram seus efeitos numa velocidade e numa intensidade maiores do que o previsto pelos modelos científicos mais pessimistas. Termos como *ansiedade climática*, *angústia ecológica* e *solastalgia* certamente nos acompanharão nos próximos anos, enquanto tentaremos entender como viver em um mundo que queima.

Nesse novo cenário, além da já tradicional participação da psiquiatria nas discussões acerca dos efeitos do trauma relacionado aos desastres ecológicos, também seremos convocados a pensar a sustentabilidade da prática de psiquiatras e psicoterapeutas. Muitas serão as pessoas que precisarão de auxílio e não faltarão propostas para sucatear a relação terapêutica, com consultas de cinco minutos e terapia por aplicativos. Alternativas tecnológicas sempre soaram sedutoras.

Por isso, trazer para o público como a psiquiatria funciona é uma forma de nos preparar para esse futuro. Valorizar as relações humanas e entre espécies, manter viva a capacidade de escuta e proteger os espaços reservados à singularidade vão ser posturas essenciais para que possamos conviver com notícias tristes — criando formas criativas de viver nesse novo mundo que nos aguarda. Afinal, independente da nossa situação climática ou da nossa evolução tecnológica, as doenças mentais continuarão sendo muito mais do que doenças do cérebro e a psiquiatria continuará sendo uma especialidade muito maior do que a prescrição de remédios, e deverá estar pronta para lidar com os novos estados emocionais humanos que estão por vir.

Agradecimentos

Este livro passou a ser gestado em 2018, quando pessoas muito queridas me convenceram de que existia algo de interessante na minha forma de tratar de psiquiatria e conhecimento científico. A partir desse empurrão, contei com a generosidade de colegas, editores, comentadores e familiares. Sem o suporte desse entorno, o projeto certamente teria sido engavetado. É por isso que, com muito carinho, agradeço a todos que de alguma forma contribuíram para as palavras que compõem este livro.

Nominalmente, agradeço aos mentores acadêmicos Carlos Alberto de Bragança Pereira, Euripedes Constantino Miguel, Mohamed Milad e Roseli Gedanke Shavitt; aos colegas da neuroimagem Marcelo Camargo Batistuzzo e Paulo Rodrigo Bazán; aos supervisores em psicanálise Angelina Harari, Cecilia Maria de Brito Orsini, Isildinha Baptista Nogueira e Oswaldo Ferreira Leite Neto; aos colegas e amigos Carolina Cappi, Daniel Lucas da Conceição Costa, Ema Yonehara, Gizela Turkiewicz, Juliana Veronese, Luana Marques, Luciane Vaz, Miguel Ernandes Neto, Roberta Savoldelli, Rodrigo Lage Leite e Silvia Bertoncello; aos apoiadores Claudemir Roque Tossato e Sergio Windholz; aos primeiros leitores e comentadores Juliana Freire,

Ricardo Teperman e Tainã Bispo; às assessoras de comunicação Beatriz Reingenheim e Karol Lopes; às editoras Eloah Pina e Rita Mattar; aos preparadores Fernanda Windholz, Lourenço Fernandes Neto e Silva e Bonie Santos; e à assistente editorial Millena Machado.

Em especial, agradeço o companheiro de vida Marcelo Luis e aos familiares Suely, José, Luciana, Ana Maria, Mayla, Edson, Raissa, Gustavo, Carol, André Luis, Marcia, Artur, Teresinha e Válter.

Posfácio

Este livro tocou em um ponto importante para a nossa sociedade: o que é a psiquiatria, como ela funciona e quais são os seus limites. Para começar, a psiquiatria discutida neste livro trata de conhecimentos com critérios objetivos, pertencentes, portanto, ao âmbito científico.

E já que podemos estabelecer que a psiquiatria é um ramo científico, pode-se perguntar: afinal, o que é a ciência?

Responder satisfatoriamente a essa questão envolve o aprofundamento em muitos aspectos. Em linhas gerais, diremos que ciência é conhecimento e, se possível, verdadeiro. As razões para se fazer tal afirmação podem ser de diversas naturezas, relacionadas ao mundo físico, químico, biológico, médico, social etc.

E então, pode-se perguntar: tudo bem, é conhecimento, talvez verdadeiro e com razões, mas o que é um conhecimento potencialmente verdadeiro e racional?

A pergunta é espinhosa e não pretendo tentar respondê-la por completo, pois, para qualquer resposta, haverá cientistas, filósofos, sociólogos, historiadores e pessoas em geral concordando e discordando. Mas uma coisa podemos ter como guia: a ciência procura ser um conhecimento, no mínimo, confiável. Não teria sentido procurar fazer ciência, principalmente no tempo presente, se o conhecimento que dela surge não obtivesse a confiança das pessoas, senão total, pelo menos alta.

Surge, então, outra questão: o que é um conhecimento que seja, no mínimo, altamente confiável? Aqui, para esboçarmos uma resposta aceitável, temos que tratar de aspectos que envolvem objetividade e, também, subjetividade. Talvez a melhor pergunta seja, portanto: o que nos leva a confiar em alguma coisa?

Muitos fatores podem estar envolvidos para termos confiança, seja ela na experiência, nos relatos de pessoas, em acontecimentos etc. Posso confiar nas minhas experiências e nos conhecimentos que adquiri ao longo de minha vida; por exemplo, creio — e considero que a grande maioria das pessoas também — que não devemos colocar a mão no fogo, pois temos ótimos motivos para acreditar que nossa mão irá se queimar. Temos ótimas razões, racionais, sobre isso. Também podemos confiar (e não confiar) na opinião de certas pessoas, sejam elas parentes, amigas, professores, padres, pastores, gurus, loucos, poetas, influenciadores e também, no limite, messias e mitos.

Posso confiar, inclusive, em um amigo que é acusado de ter cometido um delito, mas afirma que é inocente. Minha crença em sua fala pode envolver aspectos racionais e um grau elevado de confiança em seu caráter, o que é subjetivo. Por outro lado, também posso não confiar na sua inocência, dada as opiniões que formulo sobre o seu caráter. São crenças individuais. Cada pessoa que está lendo este livro, por exemplo, tem o seu conjunto de crenças e elas independem somente de razões objetivas, isto é, que não são pessoais, que pertencem à realidade, e que são aceitas pela grande maioria das pessoas.

Muitas vezes as crenças subjetivas são aceitas por quem as carrega sem maiores críticas, por motivos que são reflexos da visão de mundo daquela pessoa. Existe um conjunto grande de valores que pertencem à formação de cada um, frutos tanto de sua experiência e dos conhecimentos adquiridos durante a vida como das crenças coletivas que influenciam o grau de confiança aplicada para sustentar ou rejeitar uma opinião.

Atualmente, estamos mais do que nunca às voltas com questões de confiança. Vivemos conectados através das redes sociais e uma boa parte das pessoas obtém as notícias do que ocorre no mundo pela internet, independente de qual aplicativo ou plataforma. Essas informações não são apenas fatos, como se costuma irrefletidamente dizer "isto é fato", mas "fatos" enviesados por interpretações, boas ou ruins. O advento das chamadas fake news é bem significativo do quanto somos movidos mais por nossos desejos e crenças do que por racionalidade. As notícias falsas em muitos momentos não se apresentam como falsas, pois, para sabermos que o são, é preciso uma série de estudos e pesquisas. Contudo, muitas delas fogem do bom senso, levando muitas pessoas a acreditarem em coisas que uma investigação mais racional mostraria serem inverossímeis.

Notícias falsas podem agradar e desagradar. Desagradam, principalmente, a pessoa que tem conhecimento de que a notícia é falsa, mas também aquele que é contrário ao exposto por ela. Contudo, ela encanta e seduz muitas pessoas, trazendo desejos e crenças à tona, de modo que a falsidade não é uma expressão contrária da verdade, mas representa principalmente os anseios psicológicos do encantado pela notícia falsa. Tanto é assim que o consumidor voraz de falsidades, desde que elas satisfaçam seus desejos e valores, relega a racionalidade a segundo plano. Muitas pessoas que consomem notícias falsas sabem que elas são falsas ou têm uma grande chance de serem falsas, mas preferem acreditar nela, pois lhes dão prazer e segurança de que suas opiniões são melhores que as daqueles que pensam diferente.

Em relação ao conhecimento científico, a questão é mais complexa.

É necessário que haja um bom grau de objetividade que nos influencia, em muito, a acreditar no que a ciência diz. A ciência é, sem dúvida, um modo de pensamento. Contudo, cabe lembrar que esse não é um modo plenamente livre. Existem momentos nos quais as hipóteses sugeridas pelos cientistas precisam conter um grau satisfatório de objetividade para que sejam aceitas.

A maioria das pessoas não terá dúvidas quanto ao perigo de colocar a mão no fogo, como foi dito anteriormente, pois suas experiências e relatos são suficientes para evitar tal ato. Mas como dizer de um modo mais científico que não se deve colocar a mão no fogo? Isso envolve teorias, tal como a teoria da matéria, teoria molecular. Envolve testes rigorosos que justifiquem as hipóteses. Envolve método para se chegar às suas asserções, e muitas outras coisas. Mas, de qualquer maneira, o processo é rígido e deve ser objetivo o máximo possível.

Um exemplo simples é o seguinte: muitas vezes escutamos gurus e profetas dizerem que o fim do mundo virá, e alguns mais corajosos até apontam quando será. Tirando pessoas mais excêntricas, a grande maioria ignora os presságios fatalistas e continua sua vida normalmente. Contudo, se um órgão científico respeitável informar que um cometa ou asteroide colidirá com a Terra, acredito que o pânico será geral e a grande maioria das pessoas — até os excêntricos — entrará num estado de completa confusão, podendo levar a sociedade ao colapso. A crença num presságio sem provas tem um grande grau de subjetividade; a crença na instituição científica respeitável tem um grande grau de objetividade. Para nossa sorte, profetas e gurus não são cientistas.

Podemos então entender que a ciência procura ser uma forma de conhecimento impessoal e afastada de qualquer esfera do saber que não o dela, como, por exemplo, a religião. Sendo assim, destacamos a noção de "autonomia da ciência".

Peguemos o processo da Igreja católica em 1633 contra Galileu Galilei. Essa história é bem conhecida e serve como referência para entendermos a "autonomia da ciência". O problema foi posto pelo copernicanismo. Para Galileu, há boas razões para se admitir que a Terra se move, assim como os planetas, e que o Sol está posicionado no centro do universo. Para a Igreja católica, por outro lado, há motivos para negar o copernicanismo e afirmar que a Terra não se move e está no centro do universo, e que o Sol se movimenta ao seu redor.

Bem, a pergunta que se faz é: quais são as razões de Galileu e quais são as da Igreja católica? Percebemos, então, que a discussão vai para as "razões", de modo que não entrará em questão se eu prefiro a Terra em movimento ou se prefiro que ela esteja parada; isto é, não é questão de "preferência", mas de razões suficientemente objetivas para que se aceite uma coisa ou outra. Para Galileu, as razões são objetivas, isto é, os critérios racionais dados pelo método e pela matematização da natureza, nos fazem entender que é plausível a Terra se mover. Para a Igreja, por outro lado, as razões são de cunho religioso, pois são alicerçadas nas Sagradas Escrituras.

A Igreja resolveu a questão de uma maneira extremamente persuasiva, isto é, condenou Galileu a negar o copernicanismo, pois, caso não o fizesse, iria se encontrar com Giordano Bruno. Ou seja, iria morrer na fogueira. O que Galileu defendeu não foi o fim da Igreja católica, longe disso, pois ele era católico e acreditava na salvação; mas que a Igreja não se intrometesse na ciência, pois a religião não tem métodos e procedimentos racionais, objetivos. Ou seja, Galileu pedia que a ciência fosse autônoma.

A partir de sua autonomia, a ciência tornou-se, desde a época de Galileu e principalmente do século 19 em diante, juntamente com a tecnologia, o conhecimento mais preponderante no mundo. Não apenas pelos seus resultados eminentemente satisfatórios, como na medicina, com vacinas e métodos de diagnósticos, mas pela sua maneira de pensar, que exerce grande influência na maneira de conduzirmos nossas vidas. Basta pensar na internet, fruto da ciência com a tecnologia, para entendermos o seu poder. Mais do que isso, ela é a produção do Ocidente que é utilizada sem ressalvas pelo restante do mundo, como nos aponta Rosenberg:

> Quer gostemos ou não, a ciência parece ser a única contribuição universalmente bem-vinda da civilização europeia para todo o resto do mundo. É sem dúvida a única coisa desenvolvida na Europa e adotada por todas as outras sociedades, culturas, religiões, nações, populações, etnias que sobre ela aprenderam. A arte, a música, a literatura, a arquitetura, a ordem econômica, os códigos legais e os sistemas de valores éticos e políticos do Ocidente sem dúvida têm obtido aceitação comum. Entretanto, uma vez iniciada a descolonização, essas "bênçãos" da cultura europeia têm sido na maioria dos casos repudiadas pelos não europeus. Mas não a ciência.[1]

A ciência tem esse poder justamente pelo seu caráter epistemológico. Seu conhecimento é forte, por ser rigoroso e objetivo, composto de provas que sustentam as suas afirmações e que procuram encontrar conhecimentos incontroversos que determinem soluções para os problemas que enfrentamos.

Mas então a ciência não comete erros? Devemos aceitá-la acriticamente pois ela sempre mostrará a verdade ou quase a verdade?

A resposta é um grande não! A ciência comete erros e devemos ser críticos em relação a ela. Isso porque é um empreendimento que envolve não apenas o conhecimento objetivo, mas também os seres humanos que a produzem — não apenas o indivíduo, mas, principalmente, as instituições. Isto é, a ciência e os fatos científicos são uma construção humana. Em outras palavras, podemos dizer que o processo de autonomia da ciência proposto por Galileu ainda não se realizou.

A ciência, apesar de sua força epistemológica, está sujeita aos desejos e interesses coletivos que são expressos principalmente por valores sociais que não são necessariamente legítimos. Vejamos dois exemplos de como o conhecimento científico está sujeito a valores não meramente objetivos.

Muito foi escrito e ainda se escreve sobre a bomba atômica que fez a sua trágica estreia para o mundo boquiaberto em 1945 nas cidades de Hiroshima e Nagasaki, no Japão, vitimando mais de 100 mil pessoas nessas duas cidades. O que estava em jogo com essa absurda apresentação: o conhecimento científico sobre a matéria, a sua estrutura atômica e a possibilidade de gerar energia em grande quantidade através dos prótons de certos elementos. Também a capacidade tecnológica de construir artefatos que permitiriam transformar o estudo científico em realidade, a bomba propriamente dita. Certo?

Até aqui temos ciência e tecnologia como os campos de atuação. Mas a bomba não consegue se lançar quando é criada — pelo menos em 1945; ela não tem vontade própria de se "encaminhar" até o local de seu lançamento e se lançar. É necessária uma decisão. Isto é, alguém (pessoas ou comunidades políticas) tem que tomar a decisão: "jogo ou não jogo a bomba".

Quem jogou, o governo estadunidense, justificou o ato como a única maneira de acabar com a guerra mundial, que, caso continuasse, seria longa e mataria mais dezenas de milhares de soldados estadunidenses.

É possível que haja outras razões para o lançamento, como necessidades geopolíticas, econômicas etc., que não vêm ao caso discutirmos aqui. Mas o relevante é que, no caso do lançamento da bomba atômica, não se tem apenas ciência e tecnologia em consideração. Pensemos da seguinte maneira: é possível ter o conhecimento da matéria que gere energia atômica sem ela estar vestida em forma de bomba? Mesmo com todos os problemas que a geração de energia atômica pode angariar para a sociedade, como, por exemplo, o caso mais famoso e infeliz de Chernobyl?

O conhecimento científico envolvido nisso é relevante para a sociedade, seja na forma de energia não fóssil, seja na construção de equipamentos para diagnósticos médicos e outras coisas. Por outro lado, a bomba é uma aplicação do conhecimento atômico, não o seu fim. Em uma sociedade inteligente, a energia seria usada somente em proveito do ser humano; resguardadas as medidas de segurança, obviamente.

Em uma sociedade doente, no entanto, cria-se a bomba e propicia-se um acidente como o de Chernobyl.

Assim, existem motivos — e os chamaremos de "valores", tais como controle econômico e geopolítico — que não são científicos e tecnológicos, mas que transformam a energia atômica em bomba e em acidente irresponsável. Em linhas gerais, digamos que a construção científica-tecnológica da energia atômica é objetiva, enquanto sua utilização como um artefato bélico está no âmbito dos interesses de uma sociedade. A questão, portanto, não é sobre a objetividade, mas legitimidade.

Ou seja, é legítimo jogar bombas na cabeça de pessoas para satisfazer interesses de grupos ou países?

Pode-se argumentar que a legitimidade é dada pela necessidade. Foi "necessário jogar a bomba". Um admirador do dr. Fantástico pode bater o pé e dizer que "se não fosse lançada a bomba, coisas terríveis aconteceriam em nossa sociedade, como crianças serem comidas por vermelhos". O termo "necessário" tem que ser entendido e contextualizado. A necessidade é por interesses específicos, e não pela preservação das vidas e da saúde das pessoas. Necessidade de grupos e interesses, e não de toda a comunidade dos humanos, incluindo também os animais e as plantas.

O caso da eugenia é outro exemplo ilustrativo. Se hoje em dia ela não é discutida nem aceita nos meios acadêmicos e nas instituições de pesquisa, isso se deve ao que se descobriu após a Segunda Guerra Mundial, especificamente ao modo nazista de resolver o "problema" das raças. Contudo, a eugenia cativou muitos cientistas relevantes no cenário mundial durante a segunda metade do século 19 até o fim da Segunda Guerra — e isso não somente na Alemanha, mas em vários países da Europa, nos Estados Unidos e também no Brasil. Ou seja, a ideia de raças humanas que poderiam ser aperfeiçoadas cativou pessoas muito inteligentes e cultas, contudo, desprovidas da capacidade de analisar o todo, concentrando-se apenas em suas crenças subjetivas ou interesses pessoais.

O problema da eugenia, assim como o da bomba atômica, é que a objetividade científica é impregnada de valores que não são objetivos.

Os eugenistas acreditavam, e muitas pessoas ainda acreditam, sem provas objetivas, que existem raças superiores e que são elas, justamente, que têm visibilidade social e econômica, que estão, digamos, no ápice dos sistemas sociais e financeiros. Essa suposta herança genética superior espelha o seu maior potencial de trabalho, sua coragem, sua destreza e outras qualidades, o que garante a sua maior chance de sucesso. Contudo, essa crença — que, sem pestanejar, afirmamos aqui não ser objetiva nem verdadeira — não olha para os seres humanos no seu todo e no seu contexto. Os eugenistas abstraem todos os elementos sociais, econômicos, culturais e outros que transformam pessoas desprovidas de recursos, ou indesejadas, em objetos para serem controlados pela sua ideologia.

A eugenia apela para a cultura e para a psicologia das massas, travestindo um discurso que tem como base a irracionalidade e a ignorância num discurso aparentemente científico e racional. A intenção com essa retórica é promover valores que não são objetivos.

Temos que ter em vista que um programa científico como a eugenia precisa ter recursos para ser desenvolvido. Não se constrói uma bomba atômica ou se elimina um povo considerado "inferior" apenas com ideias. Os recursos para a construção da fatalidade têm que ter um respaldo social, uma espécie de convencimento da sociedade de que a fatalidade é o melhor para ela. É o processo de convencer as pessoas com provas racionais da necessidade irracional dela se jogar de um precipício.

A ciência não está isolada do mundo. Não se pode mais dizer que ela é algo externo a nossos problemas, que tem como finalidade somente resolvê-los, como um expectador, que olha para o mundo sem estar nele. Ela faz parte de um contexto, e, eliminar esse contexto é criar a ilusão de que tudo o que ela faz é bom e necessário para a grande maioria das pessoas.

Cabe lembrar, no entanto, que não entender o papel da ciência — com a sua racionalidade extremamente importante em seu contexto social — tem como consequências problemas que são danosos para a sociedade no seu todo, como, num dos piores quadros possíveis, a apatia em relação a ela ou o negacionismo da ciência, e, portanto, a apatia e a negação da racionalidade.

Assim, a ciência é, como foi dito, uma construção que expressa um conhecimento extremamente importante para as nossas vidas. Seu conhecimento procura ser objetivo, com todos os problemas que isso envolve; mas não é só isso. Podemos dizer que a ciência ainda não atingiu o objetivo de Galileu, de sua autonomia, de maneira que ela caminha tendo ao seu lado interesses que não são legítimos sobre o ponto de vista ético e moral, como a bomba e a eugenia.

Então, este livro teve como pano de fundo essa relação entre ciência, objetiva e necessária, com o seu entorno, que é a cultura, expressa em larga escala pelos interesses econômicos e de grupos. Temos que ter em vista que o ser humano, com suas comunidades, é um todo, de maneira que a psiquiatria, como ramo científico, um conhecimento que procura ser racional e objetivo, procurando resolver problemas das pessoas, não é algo isolado do mundo.

Como ficou claro ao final da leitura, se queremos que as pessoas sejam mais saudáveis psiquicamente, não podemos olhar apenas pelo lado supostamente material, como as medicações, exames etc. Temos que entender o ser humano no seu todo — social, econômico, cultural etc. — e como a ciência, tão necessária, age em nossas vidas.

CLAUDEMIR ROQUE TOSSATO
Doutor em filosofia pela Universidade de São Paulo (USP) e professor adjunto da Universidade Federal de São Paulo (Unifesp).

Notas

1. Isabelle Stengers, *As políticas da razão: dimensão social e autonomia da ciência*. Lisboa: Edições 70, 2000, p. 25.

INTRODUÇÃO [PP. 9-13]

1. Júlia Barbon; Adriano Vizoni, "Mitos e preconceitos da 'loucura' entravam tratamento digno no Brasil". *Folha de S.Paulo*, 7 ago. 2022. Disponível em: <www1.folha.uol.com.br/equilibrioesaude/2022/08/mitos-e-preconceitos-da-loucura-entravam-tratamento-digno-no-brasil.shtml?utm_source=whatsapp&utm_medium=social&utm_campaign=compwa>. Acesso em: 28 out. 2024.

2. Francisco Ortega, "O sujeito cerebral e o movimento da neurodiversidade". *Mana*, v. 14, n. 2, 2008. Disponível em: <doi.org/10.1590/S0104-93132008000200008>. Acesso em: 28 out. 2024. Nikolas Rose, "Neurochemical Selves". *Society*, n. 41, pp. 46-59, 2003. Disponível em: <doi.org/10.1007/BF02688204>. Acesso em: 28 out. 2024. Rodrigo Lage Leite; Juliana Belo Diniz, "Exigências éticas da clínica ao debate público entre psicanálise e ciência: sobre alguns resultados de uma pesquisa em zona de interface". *Revista Brasileira de Psicanálise*, n. 58, pp. 85-100, 2024.

3. Joel Paris, "Psychiatry and Neuroscience". *Canadian Journal of Psychiatry*, v. 54, n. 8, pp. 513-7, 2009. Disponível em: <doi.org/10.1177/070674370905400803>. Acesso em: 28 out. 2024.

4. Joanna Moncrieff; Ruth E. Cooper; Tom Stockmann; Simone Amendola; Michel P. Hengartner; Mark A. Horowitz, "The Serotonin Theory of Depression:

A Systematic Umbrella Review of the Evidence". *Molecular Psychiatry*, n. 28, pp. 3243-56, 2022. Disponível em: <doi.org/10.1038/s41380-022-01661-0>. Acesso em: 28 out. 2024.

5. Roberto Calazans; Rosane Zétola Lustoza, "A medicalização do psíquico: os conceitos de vida e saúde". *Arquivos Brasileiros de Psicologia*, v. 60, n. 1, pp. 124-31, 2008. Disponível em: <pepsic.bvsalud.org/scielo.php?script=sci_arttext&pid=S1809-52672008000100011&lng=pt>. Acesso em: 28 out. 2024. Daniel Carlat, "The Trouble with Psychiatry". In: *Unhinged: The Trouble with Psychiatry — A Doctor's Revelations about a Profession in Crisis*. Nova York: Free Press, 2010.

PARTE 1 — A CIÊNCIA DOS REMÉDIOS

A CULPA É DO CÉREBRO? [PP. 17-31]

1. Francisco Ortega, op. cit.

2. Nikolas Rose, *Our Psychiatric Future*. Cambridge: Polity Press, 2019.

3. Apesar de esse ser o evento de lançamento de um antidepressivo, o conteúdo das aulas não se restringiu ao que se referia ao novo tratamento. Não é possível avaliar o efeito de tratamentos antidepressivos a partir de imagens do cérebro. No caso, as imagens cerebrais se referiam à diferença entre pessoas que haviam usado antipsicóticos por muitos anos, de acordo com a geração do antipsicótico que tinham recebido.

4. Anne Harrington, *Mind Fixers: Psychiatry's Troubled Search for the Biology of Mental Illness*. Nova York: W. W. Norton, 2019.

5. Mário Eduardo Costa Pereira, *Psicopatologia dos ataques de pânico*. São Paulo: Escuta, 2003.

PELO FIM DO ESTIGMA DA PREGUIÇA [PP. 32-40]

1. Georges Canguilhem, *O normal e o patológico*. Trad. de Maria Thereza Redig de Carvalho Barrocas. Rio de Janeiro: Forense Universitária, 2011, p. 58.

2. Christopher S. Von Bartheld; Jami Bahney; Suzana Herculano-Houzel, "The Search For True Numbers of Neurons and Glial Cells in the Human Brain: A Review of 150 Years of Cell Counting". *The Journal of Comparative Neurology*, v. 524, n. 18, pp. 3865-95, 2016. Disponível em: <doi.org/10.1002/cne.24040>. Acesso em: 28 out. 2024.

3. Suzana Herculano-Houzel, "Precisamos falar sobre depressão". *Folha de S.Paulo*, 6 dez. 2016. Disponível em: <www1.folha.uol.com.br/colunas/suzana herculanohouzel/2016/12/1838728-precisamos-falar-sobre-a-depressao. shtml>. Acesso em: 28 out. 2024.

4. Dipesh Chaudhury; Jessica J. Walsh; Allyson K. Friedman; Barbara Juarez; Stacy M. Ku; Ja Wook Koo et al., "Rapid Regulation of Depression-Related Behaviours by Control of Midbrain Dopamine Neurons". *Nature*, v. 493, pp. 532-6, 2013. Disponível em: <doi.org/10.1038/nature11713>. Acesso em: 28 out. 2024. Kay M. Tye; Julie J. Mirzabekov; Melissa R. Warden; Emily A. Ferenczi; Hsing-Chen Tsai; Joel Finkelstein et al., "Dopamine Neurons Modulate Neural Encoding and Expression of Depression-Related Behaviour". *Nature*, v. 493, pp. 537-41, 2013. Disponível em: <doi.org/10.1038/nature11740>. Acesso em: 28 out. 2024.

5. Pedro L. Delgado, "Depression: The Case for a Monoamine Deficiency". *The Journal of Clinical Psychiatry*, v. 61, n. 6, pp. 7-11, 2000.

6. Darrel A. Regier; Willian E. Narrow; Diana E. Clarke; Helena C. Kraemer; S. Janet Kuramoto; Emily A. Kuhl et al., "DSM-5 Field Trials in the United States and Canada, Part II: Test-Retest Reliability of Selected Categorical Diagnoses". *American Journal of Psychiatry*, n. 170, pp. 59-70, 2013. Disponível em: <doi.org/10.1176/appi.ajp.2012.12070999>. Acesso em: 28 out. 2024.

7. Samue M. Lieblich; David J. Castle; Christos Pantelis; Malcolm Hopwood; Allan Hunter Young; Ian P. Everall, "High Heterogeneity and Low Reliability in the Diagnosis of Major Depression Will Impair the Development of New Drugs". *British Journal of Psychiatry Open*, v. 1, n. 2, pp. e5-e7, 2015. Disponível em: <doi.org/10.1192/bjpo.bp.115.000786>. Acesso em: 28 out. 2024.

8. Vladimir Safatle, "O que é uma normatividade vital? Saúde e doença a partir de Georges Canguilhem". *Scientiae Studia*, v. 9, n. 1, pp. 11-27, 2011. Disponível em: <www.scielo.br/j/ss/a/VfqSSxvQ7WBQyrKKbJwjpWx/abstract/?lang=pt#>. Acesso em: 28 out. 2024.

UMA CIÊNCIA DE MUITOS CANDIDATOS, MAS NENHUM ELEITO [PP. 41-56]

1. Donna Haraway, *A reinvenção da natureza*. São Paulo: WMF Martins Fontes, 2023, p. 189.

2. Inúmeros animais não humanos são utilizados em experimentos que visam desvendar algum aspecto da fisiologia ou do comportamento. Os camundongos são frequentemente utilizados em experimentos por sua facilidade de manejo. Esses animais requerem relativamente poucos recursos em termos de espaço e se reproduzem facilmente. Os ratos requerem mais espaço que os

camundongos e têm um ciclo de vida um pouco mais longo, mas ainda representam uma espécie viável para o manejo em laboratório. Alguns pesquisadores acabam preferindo ratos no lugar de camundongos porque algumas observações de comportamento são mais fáceis de fazer nos ratos. Outros animais, como porcos ou macacos, podem até ser mais próximos dos humanos que os camundongos e os ratos, do ponto de vista de fisiologia ou comportamento, mas demandam mais recursos e são mais desafiadores em relação ao manejo de experimentos em laboratório. Por isso, é mais raro vê-los sendo utilizados.

3. H. Bart van der Worp; David W. Howells; Emily S. Sena; Michelle J. Porritt; Sarah Rewell; Victoria O'Collins; Malcolm R. Macleod, "Can Animal Models of Disease Reliably Inform Human Studies?". *PLoS Medicine*, v. 7, n. 3, p. e1000245, 2010. Disponível em: <doi.org/10.1371/journal.pmed.1000245>. Acesso em: 28 out. 2024.

4. John Ioannidis, "Why Most Published Research Findings Are False". *PLoS Medicine*, v. 19, n. 8, p. e1004085, 2005. Disponível em: <doi.org/10.1371/journal.pmed.0020124>. Acesso em: 28 out. 2024.

5. Essa é uma explicação simplificada do problema dos estudos com poucos participantes. Em termos menos simplificados, a variabilidade individual (ou seja, a distância entre todas as respostas fornecidas) tem mais impacto nos resultados estatísticos de estudos pequenos do que em estudos com muitos participantes. Mesmo que os participantes com resultados muito atípicos, chamados de *outliers*, sejam excluídos das análises dos estudos com poucos participantes, o problema da variabilidade individual ainda interfere na confiança que podemos ter nos resultados estatísticos desses estudos.

6. Walter Mischel; Ebb Ebbesen, "Attention in Delay of Gratification". *Journal of Personality and Social Psychology*, v. 16, n. 2, pp. 329-37, 1970. Disponível em: <doi.org/10.1037/h0029815>. Acesso em: 28 out. 2024.

7. Yuichi Shoda; Walter Mischel; Philip K. Peake, "Predicting Adolescent Cognitive and Self-Regulatory Competencies from Preschool Delay of Gratification: Identifying Diagnostic Conditions". *Developmental Psychology*, v. 26, n. 6, pp. 978-86, 1990. Disponível em: <doi.org/10.1037/0012-1649.26.6.978>. Acesso em: 28 out. 2024.

8. Tyler W. Watts; Greg J. Duncan; Haonan Quan, "Revisiting the Marshmallow Test: A Conceptual Replication Investigating Links Between Early Delay of Gratification and Later Outcomes". *Psychological Science*, v. 29, n. 7, pp. 1159-77, 2018. Disponível em: <doi.org/10.1177/0956797618761661>. Acesso em: 28 out. 2024.

9. A confusão baseada no significado de associações entre variáveis que não surgem de simples relações causais é explorada politicamente com certa

frequência. A discussão sobre esse abuso do conhecimento científico foi feita com profundidade pelo biólogo evolucionista Stephen Jay Gould e pode ser encontrada em *A falsa medida do homem* (Trad. de Valter Lellis Siqueira. São Paulo: WMF Martins Fontes, 2014). Considero esse livro uma daquelas referências antigas que nunca deixam de ser atuais.

10. Por exemplo, uma mutação de uma única base de DNA conhecida como SNIP (*Single Nucleotide Polymorphism*), ou uma variação do número de cópias de um elemento repetitivo do genoma, conhecido como CNV (*Copy Number Variation*).

11. Existem muitas enzimas responsáveis pelo metabolismo de medicações. Essa informação se refere especificamente a uma dessas enzimas, conhecida como CYP2D6.

12. Megan Kane, "CYP2D6 Overview: Allele and Phenotype Frequencies". In: Victoria M. Pratt; Stuart A. Scott; Munir Pirmohamed et al. (Orgs.), *Medical Genetics Summaries*. Bethesda (MD): National Center for Biotechnology Information (US), 2021. Disponível em: <www.ncbi.nlm.nih.gov/books/NBK574601>. Acesso em: 28 out. 2024.

13. Steven L. Dubovsky, "The Usefulness of Genotyping Cytochrome P450 Enzymes in the Treatment of Depression". *Expert Opin Drug Metab Toxicol*, v. 11, n. 3, pp. 369-79, 2015. Disponível em: <doi.org/10.1517/17425255.2015.998996>. Acesso em: 28 out. 2024.

14. Tawny L. Smith; Charles Nemeroff, "Pharmacogenomic Testing and Antidepressant Response: Problems and Promises". *Brazilian Journal of Psychiatry*, v. 42, n. 2, pp. 116-7, 2020. Disponível em: <doi.org/10.1590/1516-4446-2019-0799>. Acesso em: 28 out. 2024. John F. Greden; Sagar V. Parikh; Anthony J. Rothschild; Michal E. Thase; Boadie W. Dunlop; Charles Debattista et al., "Impact of Pharmacogenomics on Clinical Outcomes in Major Depressive Disorder in the GUIDED Trial: A Large, Patient — and Rater-Blinded, Randomized, Controlled Study". *Journal of Psychiatric Research*, v. 111, pp. 59-67, 2019. Disponível em: <doi.org/10.1016/j.jpsychires.2019.01.003>. Acesso em: 28 out. 2024.

DOIS LIMÕES POR DIA [PP. 57-64]

1. Tradução livre de "The case can be made that in confessing his lack of an unfailing remedy for scurvy and his trouble making sense of the disease's behaviour, Lind did medicine a greater service than by conducting his now--famous trial". (Stewart Justman, "James Lind and the Disclosure of Failure". *Journal of the Royal College of Physicians of Edinburgh*, v. 47, n. 4, p. 384, 2017. Disponível em: <doi.org/10.4997/jrcpe.2017.417>. Acesso em: 28 out. 2024.)

2. Stephen Bown, *Scurvy: How a Surgeon, a Mariner and a Gentleman Solved the Greatest Medical Mystery of the Age of the Sail*. Nova York: St. Martin's Press, 2012. Duncan P. Thomas, "Sailors, Scurvy and Science". *Journal of the Royal Society of Medicine*, v. 90, n. 1, pp. 50-4, 1997. Disponível em: <doi.org/10.1177/014107689709000118>. Acesso em: 28 out. 2024.

3. Michael Bartholomew, "James Lind's Treatise of the Scurvy (1753)". *Postgraduate Medical Journal*, v. 78, n. 925, pp. 695-6, 2002. Disponível em: <doi.org/10.1136/pmj.78.925.695>. Acesso em: 28 out. 2024.

4. Roy Porter, *The Greatest Benefit to Mankind: A Medical History of Humanity from Antiquity to the Present*. Londres: HarperCollins, 1997.

5. Molière, *O doente imaginário*. Trad. de Marilia Toledo. São Paulo: Editora 34, 2010.

6. Leen De Vreese, "Causal (Mis)Understanding and the Search for Scientific Explanations: A Case Study from the History of Medicine". *Studies in History and Philosophy of Science*, v. 39, n. 1, pp. 14-24, 2008. Disponível em: <doi.org/10.1016/j.shpsc.2007.12.016>. Acesso em: 28 out. 2024.

7. Como laranjas eram mais caras que limões, a orientação acabou sendo adaptada para dois limões por dia quando finalmente foi adotada pela marinha britânica.

PLACEBO NÃO É PALAVRÃO [PP. 65-75]

1. Henri F. Ellenberger, *A descoberta do inconsciente: história e evolução da psiquiatria dinâmica*. Trad. de Paulo Sérgio de Souza Jr. São Paulo: Perspectiva, 2023, p. 882.

2. Desmond J. Sheridan; Desmond G. Julian, "Achievements and Limitations of Evidence-Based Medicine". *Journal of the American College of Cardiology*, v. 68, n. 2, pp. 204-13, 2016. Disponível em: <doi.org/10.1016/j.jacc.2016.03.600>. Acesso em: 28 out. 2024.

3. Christopher Booth, "The Rod of Aesculapios: John Haygarth (1740-1827) and Perkins' Metallic Tractors". *Journal of Medical Biography*, v. 13, n. 3, pp. 155-61, 2005. Disponível em: <doi.org/10.1177/096777200501300310>. Acesso em: 28 out. 2024.

4. Henri F. Ellenberger, op. cit.

5. Arthur K. Shapiro, "Semantics of the Placebo". *Psychiatric Quarterly*, v. 42, pp. 653-95, 1968. Disponível em: <doi.org/10.1007/BF01564309>. Acesso em: 28 out. 2024.

6. Fabrizio Benedetti, "Placebo and the New Physiology of the Doctor-Patient Relationship". *Physiological Reviews*, v. 93, n. 3, pp. 1207-46, 2013. Disponível em: <doi.org/10.1152/physrev.00043.2012>. Acesso em: 28 out. 2024.

7. Barry S. Oken, "Placebo Effects: Clinical Aspects and Neurobiology". *Brain*, v. 131, n. 11, pp. 2812-23, 2008. Disponível em: <doi.org/10.1093/brain/awn116>. Acesso em: 28 out. 2024.

O NASCIMENTO DOS ANTIDEPRESSIVOS [PP. 76-87]

1. Thomas S. Kuhn, *A incomensurabilidade na ciência: os últimos escritos de Thomas S. Kuhn*. Trad. de Alexandre Alves. São Paulo: Editora Unesp, 2024, p. 77.

2. "The Pharmaceutical Golden Era: 1930-1960". *Chemical & Engineering News*, 20 jun. 2005. Disponível em: <cen.acs.org/articles/83/i25/PHARMACEUTICAL-GOLDEN-ERA-193060.html>. Acesso em: 28 out. 2024.

3. Thomas A. Ban, "Fifty Years Chlorpromazine: A Historical Perspective". *Neuropsychiatric Disease and Treatment*, v. 3, n. 4, pp. 495-500, 2007. Disponível em: <www.ncbi.nlm.nih.gov/pmc/articles/PMC2655089/>. Acesso em: 28 out. 2024. Francisco López-Muñoz; Cecilio Alamo; Eduardo Cuenca; Winston W. Shen; Patrick Clervoy; Gabriel Rubio, "History of the Discovery and Clinical Introduction of Chlorpromazine". *Annals of Clinical Psychiatry*, v. 17, n. 3, pp. 113-35, 2005. Disponível em: <doi.org/10.1080/10401230591002002>. Acesso em: 28 out. 2024.

4. Roland Kuhn e Thomas Kuhn não são parentes.

5. David Healy, "The Discovery of Antidepressants". In: *The Antidepressant Era*. Cambridge: Harvard University Press, 1999. David Healy, "The Intersection of Psychopharmacology and Psychiatry in the Second Half of the Twentieth Century". In: Edwin R. Wallace e John Gach (Orgs.), *History of Psychiatry and Medical Psychology: With an Epilogue on Psychiatry and the Mind-Body Relation*. Nova York: Springer Science, 2008. Walter A. Brown; Maria Rosdolsky, "The Clinical Discovery of Imipramine". *American Journal of Psychiatry*, v. 172, n. 5, pp. 426-9, 2015. Disponível em: <doi.org/10.1176/appi.ajp.2015.14101336>. Acesso em: 28 out. 2024.

6. Anne Harrington, op. cit.

7. A teoria noradrenérgica da depressão foi defendida pelo psiquiatra Joseph Schildkraut em um artigo publicado no *The American Journal of Psychiatry* em 1965; a teoria serotonérgica, pelo psiquiatra Alec Coppen em artigo publicado no *The British Journal of Psychiatry* em 1967.

REMÉDIOS PARA DEPRESSÃO SOB SUSPEITA [PP. 88-105]

1. Tradução livre de "Everywhere we see specific disease concepts being used to manage deviance, rationalize health policies, plan health care, and structure

specialty relationships within the medical profession. And I have not even mentioned the countless instances in which clinical interventions and expectations have altered the trajectory of individual lives". (Charles Rosenberg, "The Tyranny of Diagnosis: Specific Entities and Individual Experience". *The Milbank Quarterly*, v. 80, n. 2, p. 238, 2002. Disponível em: <doi.org/10.1111/1468-0009.t01-1-00003>. Acesso em: 28 out. 2024.)

2. Erick H. Turner; Annette M. Matthews; Eftihia Linardatos; Robert A. Tell; Robert Rosenthal, "Selective Publication of Antidepressant Trials and its Influence on Apparent Efficacy". *The New England Journal of Medicine*, v. 358, n. 3, pp. 252-60, 2008. Disponível em: <doi.org/10.1056/NEJMsa065779>. Acesso em: 28 out. 2024.

3. Marcia Angell, "Industry-Sponsored Clinical Research: A Broken System". *JAMA*, v. 300, n. 9, pp. 1069-71, 2008. Disponível em: <doi.org/10.1001/jama.300.9.1069>. Acesso em: 28 out. 2024.

4. Irving Kirsch; Brett J. Deacon; Tania B. Huedo-Medina; Alan Scoboria; Thomas J. Moore; Blair T. Johnson, "Initial Severity and Antidepressant Benefits: A Meta-Analysis of Data Submitted to the Food and Drug Administration". *PLoS Medicine*, v. 5, n. 2, p. e45, 2008. Disponível em: <doi.org/10.1371/journal.pmed.0050045>. Acesso em: 28 out. 2024.

5. Irving Kirsch, *The Emperor's New Drugs: Exploding the Antidepressant Myth*. Londres: Basic Books, 2009.

6. John Ioannidis, "Effectiveness of Antidepressants: An Evidence Myth Constructed from a Thousand Randomized Trials?". *Philosophy, Ethics, and Humanities in Medicine*, v. 3, n. 14, 2008. Disponível em: <doi.org/10.1186/1747-5341-3-14>. Acesso em: 28 out. 2024.

7. Marcia Angell, "A epidemia de doença mental". *piauí*, n. 59, ago. 2011. Disponível em: <piaui.folha.uol.com.br/materia/a-epidemia-de-doenca-mental/>. Acesso em: 28 out. 2024.

8. Rick Mayes; Allan V. Horwitz, "DSM-III and the Revolution in the Classification of Mental Illness". *Journal of the History of the Behavioral Sciences*, v. 41, n. 3, pp. 249-67, 2005. Disponível em: <doi.org/10.1002/jhbs.20103>. Acesso em: 28 out. 2024.

9. Edward Shorter, "The History of Nosology and the Rise of the Diagnostic and Statistical Manual of Mental Disorders". *Dialogues in Clinical Neuroscience*, v. 17, n. 1, pp. 59-67, 2015. Disponível em: <doi.org/10.31887/DCNS.2015.17.1/eshorter>. Acesso em: 28 out. 2024.

10. Christian Ingo Lenz Dunker; Fuad Kyrillos Neto, "A crítica psicanalítica do DSM-IV: breve história do casamento psicopatológico entre psicanálise e psiquiatria". *Revista Latino-americana de Psicopatologia Fundamental*, v. 14, n. 4, pp. 611-26, 2011. Disponível em: <doi.org/10.1590/S1415-47142011000400003>. Acesso em: 28 out. 2024.

11. Derek Bolton, "What is Mental Illness?". In: *The Oxford Handbook of Philosophy and Psychiatry*. Oxford: Oxford University Press, 2013.

12. Mark Zimmerman; Theresa A. Morgan; Kasey Stanton, "The Severity of Psychiatric Disorders". *World Psychiatry: Official Journal of the World Psychiatric Association (WPA)*, v. 17, n. 3, pp. 258-75, 2018. Disponível em: <doi.org/10.1002/wps.20569>. Acesso em: 28 out. 2024.

A CULPA NÃO É DOS REMÉDIOS [PP. 106-15]

1. Tradução livre de "I make this confession — for a secular person, I do seem to confess often — as a lead-in to saying that for me the clinical encounter is a sacrament. It would not be wrong to apply that (metaphorical, half-serious) term to the moment of prescribing. I want to be deeply aware of what I bring to it. The patient and I are vulnerable, in touch with great forces". (Peter D. Kramer, *Ordinarily Well: The Case for Antidepressants*. Nova York: Farrar, Straus and Giroux, 2016, p. 211.)

2. Robert Whitaker, *Anatomy of an Epidemic: Magic Bullets, Psychiatric Drugs, and the Astonishing Rise of Mental Illness in America*. Nova York: Crown, 2010.

3. Allan V. Horwitz, "How an Age of Anxiety Became an Age of Depression". *Milbank Quarterly*, v. 88, n. 1, pp. 112-38, 2010. Disponível em: <doi.org/10.1111/j.1468-0009.2010.00591.x>. Acesso em: 28 out. 2024.

4. Fernando Mellis, "Venda de remédios derivados de anfetamina bate recorde no Brasil". *R7*, 24 abr. 2000. Disponível em: <noticias.r7.com/saude/venda-de-remedios-derivados-de-anfetamina-bate-recorde-no-brasil-24102020>. Acesso em: 28 out. 2024.

5. Dados de vendas de medicamentos controlados da Agência Nacional de Vigilância Sanitária consultados pelo site gov.br. Disponível em: <www.gov.br/pt-br/servicos/consultar-dados-de-vendas-de-medicamentos-controlados-antimicrobianos-e-outros>. Acesso em: 28 out. 2024.

6. Carl A. Roberts; Andrew Jones; Harry Sumnall; Suzanne H. Gage; Catharine Montgomery, "How Effective Are Pharmaceuticals for Cognitive Enhancement in Healthy Adults? A Series of Meta-Analyses of Cognitive Performance During Acute Administration of Modafinil, Methylphenidate and D-Amphetamine". *European Neuropsychopharmacology*, v. 38, pp. 40-62, 2020. Disponível em: <doi.org/10.1016/j.euroneuro.2020.07.002>. Acesso em: 28 out. 2024.

7. Juliana Belo Diniz, "As pílulas psiquiátricas 'mágicas' voltam à moda". *Le Monde Diplomatique Brasil*, 19 jul. 2023. Disponível em: <diplomatique.org.br/as-pilulas-psiquiatricas-magicas-voltam-a-moda/>. Acesso em: 28 out. 2024.

PARTE 2 — A CIÊNCIA DO CÉREBRO

A PRÉ-HISTÓRIA DOS ESTUDOS DO CÉREBRO [PP. 119-26]

1. Wilfred M. Senseman, "Charlotte Brontë's Use of Physiognomy and Phrenology". *Brontë Society Transactions*, v. 12, n. 4, pp. 286-9, 1954. Disponível em: <doi.org/10.1179/bronsoc.1954.12.4.286>. Acesso em: 28 out. 2024. Ian Jack, "Physiognomy, Phrenology and Characterisation in the Novels of Charlotte Brontë". *Brontë Society Transactions*, v. 15, n. 5, pp. 377-91, 1970. Disponível em: <doi.org/10.1179/030977670796498017>. Acesso em: 28 out. 2024.

2. Roy Porter, "The Rise of Psychiatry". In: *Madness: a Brief History*. Nova York: Oxford University Press, 2002.

3. Rhonda Boshears; Harry Whitaker, "Phrenology and Physiognomy in Victorian Literature". *Progress in Brain Research*, v. 205, pp. 87-112, 2013. Disponível em: <doi.org/10.1016/B978-0-444-63273-9.00006-X>. Acesso em: 28 out. 2024.

4. Para saber mais a respeito do endosso de Euclides da Cunha ao racismo científico, ver Cristiane Costa e Rafaela Gama, "Tragam-me a cabeça de Euclides da Cunha: os impasses da cultura de cancelamento a partir de uma leitura crítica da questão racial em *Os sertões*". *Pontos de interrogação*, v. 12, n. 2, pp. 97-116, 2022. Disponível em: <revistas.uneb.br/index.php/pontosdeint/article/view/15818/11131>. Acesso em: 28 out. 2024. Arnaldo Sampaio de Moraes Godoy, "Euclides da Cunha e a história como testemunha da brutalidade". *Conjur*, 19 jul. 2020. Disponível em: <www.conjur.com.br/2020-jul-19/embargos-culturais-euclides-cunha-historia-testemunha-brutalidade/>. Acesso em: 28 out. 2024.

5. Marcelo R. Roxo; Paulo R. Franceschini; Carlos Zubaran; Fabrício D. Kleber; Josemir W. Sander, "The Limbic System Conception and its Historical Evolution". *Scientific World Journal*, v. 11, pp. 2428-41, 2011. Disponível em: <doi.org/10.1100/2011/157150>. Acesso em: 28 out. 2024.

6. António Damásio, *O erro de Descartes: emoção, razão e o cérebro humano*. Trad. de Dora Vicente e Georgina Segurado. São Paulo: Companhia das Letras, 2012.

7. Ibid., p. 11.

8. Ibid., p. 12.

9. Joseph E. LeDoux, "Emotion Circuits in the Brain". *Annual Review of Neuroscience*, v. 23, pp. 155-84, 2000. Disponível em: <doi.org/10.1146/annurev.neuro.23.1.155>. Acesso em: 28 out. 2024.

O INCRÍVEL MUNDO DAS IMAGENS DO CÉREBRO [PP. 127-36]

1. Ewen Macaskill; Gabriel Dance, "NSA Files: Decoded". *The Guardian*, 1º nov. 2013. Disponível em: <www.theguardian.com/world/interactive/2013/nov/01/snowden-nsa-files-surveillance-revelations-decoded#section/1>. Acesso em: 28 out. 2024.

2. Gary H. Glove, "Overview of Functional Magnetic Resonance Imaging". *Neurosurgery Clinics of North America*, v. 22, n. 2, pp. 133-9, 2011. Disponível em: <doi.org/10.1016/j.nec.2010.11.001>. Acesso em: 28 out. 2024.

3. Alessandro A. Mazzola, "Ressonância magnética: princípios de formação da imagem e aplicações em imagem funcional". *Revista Brasileira de Física Médica*, v. 3, n. 1, pp. 117-29, 2009. Disponível em: <www.rbfm.org.br/rbfm/article/view/51>. Acesso em: 28 out. 2024.

4. Junya Matsumoto; Masaki Fukunaga; Kenichiro Miura; Kiyotaka Nemoto; Naohiro Okada; Naoki Hashimoto et al., "Cerebral Cortical Structural Alteration Patterns Across Four Major Psychiatric Disorders in 5549 Individuals". *Molecular Psychiatry*, v. 28, n. 11, pp. 4915-23, 2023. Disponível em: <doi.org/10.1038/s41380-023-02224-7>. Acesso em: 28 out. 2024.

O CÉREBRO EM AÇÃO [PP. 137-43]

1. Seiji Ogawa, "Finding the Bold Effect in Brain Images". *NeuroImage*, v. 62, n. 2, pp. 608-9, 2012. Disponível em: <doi.org/10.1016/j.neuroimage.2012.01.091>. Acesso em: 28 out. 2024.

2. O banco do Fusquinha é a molécula de hemoglobina. Quando ocupada, chamamos essa molécula de oxi-hemoglobina, e quando desocupada, de desoxi-hemoglobina. Conforme a oxi-hemoglobina passa pelos capilares (os menores vasos sanguíneos de onde os tecidos absorvem o oxigênio), ela vai perdendo o oxigênio para os tecidos. Se o tecido precisa consumir mais oxigênio e mais glicose, as células liberam fatores que aumentam o fluxo sanguíneo, ou seja, aumentam a chegada de oxi-hemoglobina e glicose. Como o consumo de glicose supera o de oxigênio, o resultado é que sobra oxi-hemoglobina. Esse aumento de oxi-hemoglobina em relação à desoxi--hemoglobina diminui a velocidade de perda de sinal de radiofrequência emitida no tecido. A relação inversa, quando há mais desoxi-hemoglobina, aumenta a perda do sinal. Logo, se o aumento de atividade celular consome oxigênio, e se o consumo de oxigênio aumenta o fluxo sanguíneo, que, por sua vez, aumenta a oxi-hemoglobina e, por fim, diminui a velocidade de perda do sinal de radiofrequência captado pelo aparelho de ressonância nuclear magnética, temos um marcador (indireto) de atividade celular. O nome desse efeito, que

acreditamos, com base convincente, estar associado à atividade celular, é resposta BOLD (do inglês, *Blood Oxygen Level-Dependent Imaging*).

DANDO SENTIDO ÀS IMAGENS [PP. 144-50]

1. Para quem tiver interesse em se aprofundar na compreensão da neuroimagem funcional por ressonância magnética, sugiro a excelente revisão de Brea Chouinard, Carol Boliek e Jacqueline Cummine. Nela, as autoras descrevem desde conceitos básicos de como as imagens são construídas até questões relativas a lógica de interpretação e confiabilidade dos resultados: Brea Chouinard; Carol Boliek; Jacqueline Cummine, "How to Interpret and Critique Neuroimaging Research: A Tutorial on Use of Functional Magnetic Resonance Imaging in Clinical Populations". *American Journal of Speech-Language Pathology*, v. 25, n. 3, pp. 269-9, 2016. Disponível em: <doi.org/10.1044/2016_AJSLP-15-0013>. Acesso em: 28 out. 2024.

2. Cheryl A. Olman; Kristen A. Pickett; Michael-Paul Schallmo; Teresa J. Kimberley, "Selective BOLD Responses to Individual Finger Movement Measured with FMRI at 3T". *Human Brain Mapping*, v. 33, n. 7, pp. 1594-606, 2012. Disponível em: <doi.org/10.1002/hbm.21310>. Acesso em: 28 out. 2024.

3. John D. Ragland; Stephen T. Moelter; Mahendra T. Bhati; Jeffrey N. Valdez; Christian G. Kohler; Steven J. Siegel; Ruben C. Gur; Raquel E. Gur, "Effect of Retrieval Effort and Switching Demand on FMRI Activation During Semantic Word Generation in Schizophrenia". *Schizophrenia Research*, v. 99, n. 1-3, pp. 312-23, 2008. Disponível em: <doi.org/10.1016/j.schres.2007.11.017>. Acesso em: 28 out. 2024.

4. Antoine Bechara; Hanna Damásio; Daniel Tranel; António Damásio, "Deciding Advantageously Before Knowing the Advantageous Strategy". *Science*, v. 275, n. 5304, pp. 1293-5, 1997. Disponível em: <doi.org/10.1126/science.275.5304.1293>. Acesso em: 28 out. 2024.

5. Carol Lynn Curchoe, "All Models Are Wrong, but Some Are Useful". *Journal of Assisted Reproduction and Genetics*, v. 37, n. 10, pp. 2389-91, 2020. Disponível em: <doi.org/10.1007/s10815-020-01895-3>. Acesso em: 28 out. 2024.

PROMESSAS [PP. 151-62]

1. Tradução livre de "Reality is one thing, the ways we think about it another. These are many and diverse; and we cannot readily alter or reduce them one to another. So our rightly holding that mental causes like desires can also be regarded as physiological mechanisms centered in the brain does not resolve the problems of mental versus physical, but rather restates them as limitations of scientific understanding". (Jim Hopkins, "Understanding and

Healing: Psychiatry and Psychoanalysis in the Era of Neuroscience". In: *The Oxford Handbook of Philosophy and Psychiatry*. Oxford: Oxford University Press, 2013, p. 1265.)

2. Martijn P. van den Heuvel; Hilleke E. Hulshoff Pol, "Exploring the Brain Network: A Review on Resting-State FMRI Functional Connectivity". *European Neuropsychopharmacology*, v. 20, n. 8, pp. 519-34, 2010. Disponível em: <doi.org/10.1016/j.euroneuro.2010.03.008>. Acesso em: 28 out. 2024.

3. Randy L. Buckner; Lauren M. Dinicola, "The Brain's Default Network: Updated Anatomy, Physiology and Evolving Insights". *Nature Reviews Neuroscience*, v. 20, pp. 593-608, 2019. Disponível em: <doi.org/10.1038/s41583-019-0212-7>. Acesso em: 28 out. 2024.

4. Bettina Sorger; Rainer Goebel, "Real-time FMRI For Brain-Computer Interfacing". *Handbook of Clinical Neurology*, v. 168, pp. 289-302, 2020. Disponível em: <doi.org/10.1016/B978-0-444-63934-9.00021-4>. Acesso em: 28 out. 2024.

5. Shinji Nishimoto; An T. Vu; Thomas Naselaris; Yuval Benjamini; Bin Yu; Jack L. Gallant, "Reconstructing Visual Experiences from Brain Activity Evoked by Natural Movies". *Current Biology*, v. 21, n. 19, pp. 1641-6, 2011. Disponível em: <doi.org/10.1016/j.cub.2011.08.031>. Acesso em: 28 out. 2024.

6. Laura Compère; Greg J. Siegle; Sair Lazzaro et al., "Amygdala Real-Time FMRI Neurofeedback Upregulation in Treatment Resistant Depression: Proof of Concept and Dose Determination". *Behaviour Research and Therapy*, maio 2024, v. 176. Disponível em: <doi:10.1016/j.brat.2024.104523>. Acesso em: 12 nov. 2024. Kimberly D. Young; Vadim Zotev; Rachel Phillips et al. "Real-Time FMRI Neurofeedback Training of Amygdala Activity in Patients with Major Depressive Disorder". *PLoS One*, v. 9, n. 2, 11 fev. 2014. Disponível em: <doi.org/10.1371/journal.pone.0088785>. Acesso em: 12 nov. 2024.

7. Rolf Landauer, "The Physical Nature of Information". *Physics Letters A*, v. 217, n. 4-5, pp. 188-93, 1996. Disponível em: <doi.org/10.1016/0375-9601(96)00453-7>. Acesso em: 28 out. 2024.

8. Roger Penrose, *Sombras da mente: uma busca pela ciência perdida da consciência*. Trad. de Gabriel Cozzella. São Paulo: Unesp, 2021.

9. Um dos melhores livros técnicos sobre esse tema é *Theoretical Neuroscience Computational and Mathematical Modeling of Neural Systems*, de Peter Dayan e L. F. Abbott (Cambridge: MIT Press, 2001).

10. L. F. Abbott, "Theoretical Neuroscience Rising". *Neuron*, v. 60, n. 3, pp. 489-95, 2008. Disponível em: <doi.org/10.1016/j.neuron.2008.10.019>. Acesso em: 28 out. 2024. Stefano Fusi; Patrick J. Drew; L. F. Abbott, "Cascade Models of Synaptically Stored Memories". *Neuron*, v. 45, n. 4, pp. 599-611, 2005. Disponível em: <doi.org/10.1016/j.neuron.2005.02.001>. Acesso em: 28 out. 2024.

11. Stuart Firestein, *Ignorância: como ela impulsiona a ciência*. Trad. de Paulo Geiger. São Paulo: Companhia das Letras, 2019.

PARTE 3 — A CIÊNCIA DO SOFRIMENTO HUMANO

UM CARNAVAL QUE NÃO TERMINOU EM FOLIA [PP. 165-79]

1. Michel Foucault, *O poder psiquiátrico*. Trad. de Eduardo Brandão. São Paulo: Martins Fontes, 2006, p. 299.

2. Tradução livre de "The DSM had created a common language, but much of that language had not been validated by science. Even if clinicians could agree on the label, the label could still be wrong". (Thomas R. Insel, *Healing: Our Path from Mental Illness to Mental Health*. Nova York: Penguin, 2022, p. 130.)

3. Elisabetta Basso, "Complicités et ambivalences de la psychiatrie: Münsterlingen et le carnaval des fous de 1954". *médecine/sciences*, v. 33, n. 1, pp. 99-104, 2017.

4. Jean-François Bert; Elisabetta Basso; Jacqueline Verdeaux, *Foucault à Münsterlingen: A l'origine de l'Histoire de la Folie*. Paris: Editions EHESS, 2015.

5. Kuhn continuou trabalhando como psiquiatra no Hospital Psiquiátrico de Münsterlingen até 1980 e faleceu em 2005.

6. Hanfried Helmchen, "Alltägliche Grenzüberschreitungen: zur Skandalisierung der klinischen Arzneimittelprüfungen des Psychiaters Roland Kuhn" [Transgressões cotidianas de fronteiras: a escandalização dos ensaios clínicos de medicamentos do psiquiatra Roland Kuhn]. *Der Nervenarzt*, v. 94, pp. 243-9, 2023. Disponível em: <doi.org/10.1007/s00115-022-01296-0>. Acesso em: 28 out. 2024.

7. Apesar do nome em inglês, a Functional Health Tech é uma empresa brasileira.

8. Dados de vendas de medicamentos controlados da Agência Nacional de Vigilância Sanitária consultados pelo site gov.br. Disponível em: <www.gov.br/pt-br/servicos/consultar-dados-de-vendas-de-medicamentos-controlados-antimicrobianos-e-outros>. Acesso em: 28 out. 2024.

9. David Nutt; Guy Goodwin, "ECNP Summit on the future of CNS drug research in Europe 2011: Report prepared for ECNP by David Nutt and Guy Goodwin". *European Neuropsychopharmacology*, v. 21, n. 7, pp. 495-9, 2011. Disponível em: <doi.org/10.1016/j.euroneuro.2011.05.004>. Acesso em: 28 out. 2024.

10. Daniel Cressey, "Psychopharmacology in Crisis". *Nature*, 2011. Disponível em: <doi.org/10.1038/news.2011.367>. Acesso em: 28 out. 2024.

11. Rainald Mössner; Olya Mikova; Eleni Koutsilieri; Mohamed Saoud; Ann-Christine Ehlis; Norbert Müller; Andreas J. Fallgatter; Peter Riederer, "Consensus Paper of the WFSBP Task Force on Biological Markers: Biological Markers in Depression". *World Journal of Biological Psychiatry*, v. 8, n. 3, pp. 141-74, 2007. Disponível em: <doi.org/10.1080/15622970701263303>. Acesso em: 28 out. 2024.

12. Mitzy Kennis; Lotte Gerritsen; Marije van Dalen; Alishia Williams; Pim Cuijpers; Claudi Bockting, "Prospective Biomarkers of Major Depressive Disorder: a Systematic Review and Meta-Analysis". *Molecular Psychiatry*, v. 25, n. 2, pp. 321-38, 2020. Disponível em: <doi.org/10.1038/s41380-019-0585-z>. Acesso em: 28 out. 2024.

13. Peter Szatmari; Ezra Susser, "Being Precise About Precision Mental Health". *JAMA Psychiatry*, v. 79, n. 12, pp. 1149-50, 2022. Disponível em: <doi.org/10.1001/jamapsychiatry.2022.3391>. Acesso em: 28 out. 2024. Dekel Taliaz; Amit Spinrad; Ran Barzilay; Zohar Barnett-Itzhaki; Dana Averbuch; Omri Teltsh et al., "Optimizing Prediction of Response To Antidepressant Medications Using Machine Learning and Integrated Genetic, Clinical, and Demographic Data". *Translational Psychiatry*, v. 11, n. 1, p. 381, 2021. Disponível em: <doi.org/10.1038/s41398-021-01488-3>. Acesso em: 28 out. 2024.

DIFERENTES VISÕES DE MUNDO [PP. 180-90]

1. Renato Mezan, *O tronco e os ramos: estudos de história em psicanálise*. São Paulo: Blucher, 2019, pp. 260-1.

2. Bruno Latour, *A esperança de Pandora: ensaios sobre a realidade dos estudos científicos*. São Paulo: Unesp, 2017, p. 306.

3. Sigmund Freud, *Estudos sobre a histeria*. Trad. de Laura Barreto. São Paulo: Companhia das Letras, 2016, p. 231. (Obras Completas, v. 2, 1893-1895.)

4. O filósofo que é conhecido como iniciador da fenomenologia é o alemão Edmund Gustav Albrecht Husserl. Karl Jaspers menciona Husserl como fonte de inspiração para a construção da sua psicopatologia. No entanto, o historiador Germán E. Berrios questiona essa acepção e defende que Jaspers não foi tão influenciado por Husserl quanto seus textos dão a entender. Berrios acredita que Jaspers foi ambivalente em relação à fenomenologia de Husserl e não fez uso de muitos dos princípios fundamentais dessa fenomenologia nas suas investigações psicopatológicas. Na visão de Berrios, Jaspers construiu uma ideia própria de fenomenologia.

5. Jaspers inclusive fala constantemente da investigação de processos somáticos que seriam relativos ao funcionamento cerebral.

6. Karl Jaspers, *Psicopatologia geral*, v. 1. Trad. de Dr. Samuel Penna Reis. Rio de Janeiro: Atheneu, 1979, pp. 50-1 (grifo do autor).

7. Precedido pelo psiquiatra alemão Karl Ludwig Kahlbaum em relação à valorização do curso (prognóstico) como forma de delimitar os transtornos mentais e pelo neurologista e psiquiatra alemão Wilhelm Griesinger em relação à certeza sobre a origem cerebral das doenças mentais, Kraepelin foi ainda discípulo direto de Wilhelm Wundt, autor considerado por alguns o pai da psicologia experimental.

8. Germán E. Berrios; R. Hauser, "O desenvolvimento inicial das ideias de Kraepelin sobre classificação: uma história conceitual". *Revista Latino-americana de Psicopatologia Fundamental*, v. 16, n. 1, pp. 126-46, 2013. Disponível em: <doi.org/10.1590/S1415-47142013000100010>. Acesso em: 28 out. 2024.

9. Paul Hoff, "Kraepelin and Degeneration Theory". *European Archives of Psychiatry and Clinical Neuroscience*, v. 258, n. 2, pp. 12-7, 2008. Disponível em: <doi.org/10.1007/s00406-008-2002-5>. Acesso em: 28 out. 2024.

10. Tradução livre de: "In the course of heredity the disposition of the individual is determined by influences of very different kinds. On the one hand, we see the personal qualities of the progenitors, whether they be good or bad, healthy or morbid, reappearing in their children; while on the other, the individual characters of posterity are guided in their special paths by the most various causes; so that, side by side with the resemblance between parents and offspring numerous variations are always developed. The general result may be either an advance towards perfection or the deterioration — the 'degeneration' — of the stock. In the latter case, when the morbid and pernicious influences prevail, the new generation will bear within it the seeds of destruction, which will certainly develop unless, in the further history of the family, some compensation for the degeneration or some diminution of the unsuitable peculiarities is acquired by the admixture of sounder blood". (Emil Kraepelin, *Lectures on Clinical Psychiatry*. Londres: Baillière, Tindall and Cox, 1906.)

11. Michel Shepherd, "Two Faces of Emil Kraepelin". *British Journal of Psychiatry*, v. 167, n. 2, pp. 174-83, 1995. Disponível em: <doi.org/10.1192/bjp.167.2.174>. Acesso em: 28 out. 2024.

12. Os alunos de Kraepelin foram os psiquiatras Robert Gaupp (1870-1953), Paul Nitsche (1876-1948), e Ernst Rüdin (1874-1952), mencionados no artigo "Reflections on Emil Kraepelin: Icon and Reality", de Rael D. Strous, Annette A. Opler e Lewis A. Opler (disponível em: <ajp.psychiatryonline.org/doi/10.1176/appi.ajp.2016.15111414>) e no texto de Michael Bryant sobre a campanha de extermínio encomendada pela ideologia da eugenia nazista (disponível em: <psu.pb.unizin.org/holocaust3rs/chapter/nazi-eugenics-euthanasia-and-medical-ethics-today-2/>).

13. Tradução livre de: "The importance of our diagnosis would therefore consist in this: that we are now able, at the very beginning of the illness, to predict its

resulting in a characteristic state of feebleness, in the same way as we arrived at certain probable conclusions about the further course of the disease in circular stupor. The prognosis, however, is really by no means simple. Whether dementia praecox is susceptible of a complete and permanent recovery answering to the strict demands of science is still very doubtful, if not impossible to decide". (Emil Kraepelin, op. cit.)

14. J. M. S. Pearce, "Modern Psychiatry Begins with Kraepelin". *Hektoen International: A Journal of Medical Humanities*, 2021. Disponível em: <hekint.org/2021/08/13/modern-psychiatry-begins-with-kraepelin/>. Acesso em: 28 out. 2024.

15. Jules Angst; Alex Gamma, "Diagnosis and Course of Affective Psychoses: Was Kraepelin Right?". *European Archives of Psychiatry and Clinical Neuroscience*, v. 258, n. 2, pp. 107-10, 2008. Disponível em: <doi.org/10.1007/s00406-008-2013-2>. Acesso em: 28 out. 2024.

16. Hannah S. Decker, "How Kraepelinian was Kraepelin? How Kraepelinian are the neo-Kraepelinians? From Emil Kraepelin to DSM-III". *History of Psychiatry*, v. 18, n. 3, pp. 337-60, 2007. Disponível em: <doi.org/10.1177/0957154X07078976>. Acesso em: 28 out. 2024.

O VALOR DAS PSICOTERAPIAS [PP. 191-9]

1. Isabelle Stengers, *Uma outra ciência é possível: manifesto por uma desaceleração das ciências*. Trad. de Fernando Silva e Silva. Rio de Janeiro: Bazar do Tempo, 2023.

2. Infelizmente, não é possível citar todos os autores e personagens relevantes.

3. Hannah S. Decker, "Psychoanalysis in Central Europe: The Interplay of Psychoanalysis and Culture". In: Edwin R. Wallace; John Gach (Orgs.), op. cit.

4. As divisões entre escolas de psicanálise não são rígidas, e diferentes pensadores podem agrupá-las de outras formas que não esta proposta aqui. O psicanalista e estudioso da história da psicanálise Renato Mezan, por exemplo, prefere posicionar Winnicott como um britânico independente e não como parte da escola fundada por Melanie Klein. O mesmo pode ser dito quanto a Bion, Balint, Kohut etc. Para maiores detalhes, sugiro o livro *O tronco e os ramos*, do próprio Mezan (op. cit.).

5. Stanford Gifford, "The Psychoanalytic Movement in the United States, 1906-1991". In: Edwin R. Wallace e John Gach (Orgs.), op. cit.

6. É um erro, no entanto, assumir que esse foi o único caminho seguido pela psicanálise em território estadunidense. Ainda há vertentes psicanalíticas estadunidenses que não perderam os laços com as escolas europeias e que se

opõem às visões adaptativas. Ou seja, não foi só a psicologia do ego que se dispersou nos Estados Unidos, e muitos psicanalistas estadunidenses se consideram pertencentes às diferentes escolas europeias que não a fundada por Anna Freud.

7. Digo "temporariamente" porque existe um movimento recente que tenta reaproximar a psicanálise das neurociências. Esse movimento tem na figura do psicanalista Mark Solms um de seus mais eloquentes porta-vozes.

8. Rachel I. Rosner, "Aaron T. Beck (1921-2021)". *The American Psychologist*, v. 77, n. 6, pp. 791-2, 2022. Disponível em: <doi.org/10.1037/amp0001007>. Acesso em: 28 out. 2024.

9. A exposição a situações que suscitam reações de medo prescrita pelo behaviorismo é uma exposição estruturada e gradual. Não é um enfrentamento maciço, como muitos imaginam quando falamos de exposição.

10. Martin E. P. Seligman, "Positive Psychology: A Personal History". *Annual Review of Clinical Psychology*, n. 15, pp. 1-23, 2019. Disponível em: <doi.org/10.1146/annurev-clinpsy-050718-095653>. Acesso em: 28 out. 2024.

11. Jutta M. Stoffers-Winterling; Birgit A. Völlm; Gerta Rücker; Antje Timmer; Nick Huband; Klaus Lieba, "Psychological Therapies For People With Borderline Personality Disorder". *The Cochrane Database of Systematic Reviews*, n. 8, cd005652, 2012. Disponível em: <doi.org/10.1002/14651858.CD005652.pub2>. Acesso em: 28 out. 2024.

12. Essa percepção de não embasamento científico das terapias psicodinâmicas também esbarra na discussão do que seria ciência. Essa é uma discussão mais ampla do que vamos conseguir abarcar neste livro, mas posso adiantar que, no caso da contraposição entre TCC e linhagens psicodinâmicas, o aspecto supostamente mais científico atribuído à TCC é pautado exclusivamente na sua maior aproximação com o modelo médico. Para uma melhor revisão sobre essa questão, sugiro o livro *Psicanálise e ciência*, do psicanalista Paulo Beer (São Paulo: Blucher, 2017).

13. O termo *talking therapies* nem sempre tem caráter pejorativo. Ele também é utilizado como termo geral para qualquer forma de psicoterapia. O caráter pejorativo aparece quando há a contraposição entre *talking therapies* e *treatments that work*.

14. *Treatments That Work* é, inclusive, o nome de uma série de manuais para terapeutas e livros de tarefas para pacientes com protocolos de tratamento baseados na terapia cognitivo-comportamental para transtornos psiquiátricos específicos. A série é publicada pela Oxford University Press.

15. Jonathan Shedler, "The Efficacy of Psychodynamic Psychotherapy". *The American Psychologist*, v. 65, n. 2, pp. 98-109, 2010. Disponível em: <doi.org/10.1037/a0018378>. Acesso em: 28 out. 2024. Manfred Beutel; Lina Krakau;

Johannes Kaufhold; Ulrich Bahrke; Alexa Grabhorn; Martin Hautzinger et al., "Recovery from Chronic Depression and Structural Change: 5-Year Outcomes After Psychoanalytic and Cognitive-Behavioural Long-Term Treatments (LAC Depression Study)". *Clinical Psychology & Psychotherapy*, v. 30, n. 1, pp. 188-201, 2023. Disponível em: <doi.org/10.1002/cpp.2793>. Acesso em: 28 out. 2024.

Manfred E. Beutel; Emily Stern; David A. Silbersweig, "The Emerging Dialogue Between Psychoanalysis and Neuroscience: Neuroimaging Perspectives". *Journal of the American Psychoanalytic Association*, v. 51, n. 3, pp. 773-801, 2003. Disponível em: <doi.org/10.1177/00030651030510030101>. Acesso em: 28 out. 2024.

16. Nancy Mcwilliams, "Psychoanalysis and Research: Some Reflections and Opinions". *Psychoanalytic Review*, v. 100, n. 6, pp. 919-45, 2013. Disponível em: <doi.org/10.1521/prev.2013.100.6.919>. Acesso em: 28 out. 2024.

17. Juliana Belo Diniz; Rodrigo Lage Leite, "Entre o objeto e a evidência: esperança e criatividade nos debates em saúde mental". *Jornal de Psicanálise*, v. 106, n. 57, pp. 171-86, 2024. Disponível em: <doi.org/10.5935/0103-5835.v57n106.12>. Acesso em: 28 out. 2024.

O MONSTRO QUE PRECISA SAIR DO ARMÁRIO [PP. 200-5]

1. Karl Jaspers, *A questão da culpa: a Alemanha e o nazismo*. Trad. de Claudia Dornbusch. São Paulo: Todavia, 2018, p. 89.

2. "Quando Mao Tsé-Tung exterminou pardais e teve que importar pássaros da URSS". *Aventuras na História*, 15 fev. 2020. Disponível em: <aventurasnahistoria.com.br/noticias/reportagem/historia-quando-mao-tse-tung-matou-1-bilhao-de-pardais-chineses-e-teve-que-importar-passaros-da-urss.phtml>. Acesso em: 28 out. 2024.

3. Hoje esses termos são usados de forma intercambiável e representam um conjunto de múltiplas técnicas cirúrgicas que tem como objetivo desconectar partes dos lobos frontais do restante do cérebro.

4. Um pedido feito por pacientes submetidos à lobotomia/leucotomia e seus familiares ao comitê do Nobel solicitando o cancelamento da honraria laureada a Egas Moniz foi recusado. Segundo a organização, seu estatuto não prevê que um prêmio já laureado possa ser retirado. Até hoje consta no site a descrição do motivo do prêmio: a leucotomia.

5. Spyros N. Michaleas; Gregory Tsoucalas; Elias Tzavellas; George Stranjalis; Marianna Karamanou, "Gottlieb Burckhardt (1836-1907): 19th-Century Pioneer of Psychosurgery". *Surgical Innovation*, v. 28, n. 3, pp. 381-7, 2021. Disponível em: <doi.org/10.1177/1553350620972561>. Acesso em: 28 out. 2024.

6. Na verdade, uma região específica que faz parte do lobo frontal, chamada orbitofrontal.

7. John F. Fulton, "The Physiological Basis of Psychosurgery". *Proceedings of the American Philosophical Society*, v. 5, n. 95, pp. 538-41, 1951. Disponível em: <www.jstor.org/stable/3143238>. Acesso em: 28 out. 2024.

8. Richard M. Brickner, "Bilateral Frontal Lobectomy: Follow-Up Report of a Case". *Archives of Neurology and Psychiatry*, v. 41, n. 3, pp. 580-5, 1939. Disponível em: <doi.org/10.1001/archneurpsyc.1939.02270150154014>. Acesso em: 28 out. 2024.

9. Lilian B. Boettcher; Sarah T. Menacho, "The Early Argument For Prefrontal Leucotomy: The Collision of Frontal Lobe Theory and Psychosurgery at the 1935 International Neurological Congress in London". *Neurosurgery Focus*, v. 43, n. 3, E4, 2017. Disponível em: <doi.org/10.3171/2017.6.FOCUS17249>. Acesso em: 28 out. 2024.

10. John Gach, "Biological Psychiatry in The Nineteenth and Twentieth Centuries". In: Edwin R. Wallace e John Gach (Orgs.), op. cit.

11. Claire Prentice, "Lobotomia, o polêmico procedimento no cérebro que era considerado 'mais fácil do que tratar uma dor de dente'". *BBC*, 21 fev. 2021. Disponível em: <www.bbc.com/portuguese/geral-56147209>. Acesso em: 28 out. 2024.

12. O número total de pessoas submetidas a leucotomia nesse período é incerto, mas é certamente superior a 18 mil, que foi o número calculado em uma estimativa conservadora dos casos reportados de leucotomia.

13. John Pippard, "Reflections on Leucotomy: With Particular Reference to Rostral Operations". *The British Medical Journal*, v. 4980, n. 1, pp. 1402-5, 1956. Disponível em: <www.jstor.org/stable/20358275>. Acesso em: 5 nov. 2024.

DETERMINANTES SOCIAIS [PP. 206-12]

1. Tradução livre de "Culture shapes the scripts that expressions of distress will follow". (Rachel Aviv, *Strangers to Ourselves: Unsettled Minds and the Stories That Make Us*. Nova York: Farrar, Straus and Giroux, 2023, p. 20.)

2. Isildinha Baptista Nogueira, *A cor do inconsciente: significações do corpo negro*. São Paulo: Perspectiva, 2021, p. 26.

3. Frantz Fanon, *Pele negra, máscaras brancas*. Trad. de Raquel Camargo e Sebastião Nascimento. São Paulo: Ubu, 2023.

4. Deivison Faustino, *Frantz Fanon e as encruzilhadas: teoria, política e subjetividade*. São Paulo: Ubu, 2022.

5. Sueli Carneiro, *Racismo, sexismo e desigualdade no Brasil*. São Paulo: Selo Negro, 2011.

6. Hoje, vemos um frutífero retorno à obra de Fanon, que tem enriquecido as discussões dentro e fora da psiquiatria. Entre os autores brasileiros, temos vários outros nomes importantes que também abordam os efeitos do racismo, como Lélia Gonzalez, Neusa Santos Souza, Antônio Bispo dos Santos, Cida Bento, entre outros.

7. American Psychiatric Association, *Manual Diagnóstico e Estatístico de Transtornos Mentais: DSM-5-TR: Texto Revisado*. São Paulo: Artmed, 2023.

8. Neil Krishan Aggarwal, "Improving the Integration of Social Determinants of Mental Health in the DSMs". *JAMA Psychiatry*, v. 80, n. 9, pp. 865-6, 2023. Disponível em: <doi.org/10.1001/jamapsychiatry.2023.1301>. Acesso em: 28 out. 2024.

9. Matilda van den Bosch; Andreas Meyer-Lindenberg, "Environmental Exposures and Depression: Biological Mechanisms and Epidemiological Evidence". *Annual Review of Public Health*, v. 40, pp. 239-59, 2019. Disponível em: <doi.org/10.1146/annurev-publhealth-040218-044106>. Acesso em: 28 out. 2024.

10. Florian Lederbogen; Peter Kirsch; Leila Haddad; Fabian Streit; Heike Tost; Philipp Schuch et al., "City Living and Urban Upbringing Affect Neural Social Stress Processing in Humans". *Nature*, v. 474, n. 7352, pp. 498-501, 2011. Disponível em: <doi.org/10.1038/nature10190>. Acesso em: 28 out. 2024.

11. Janina I. Schweiger; Necip Capraz; Ceren Akdeniz; Urs Braun; Tracie Ebalu; Carolin Moessnang et al., "Brain Structural Correlates of Upward Social Mobility in Ethnic Minority Individuals". *Social Psychiatry and Psychiatric Epidemiology*, v. 57, n. 10, pp. 2037-47, 2022. Disponível em: <doi.org/10.1007/s00127-021-02163-0>. Acesso em: 28 out. 2024.

12. Katarzyna Jednoróg; Irene Altarelli; Karla Monzalvo; Joel Fluss; Jessica Dubois; Catherine Billard et al., "The Influence of Socioeconomic Status on Children's Brain Structure". *PLoS One*, v. 7, n. 8, e42486, 2012. Disponível em: <doi.org/10.1371/journal.pone.0042486>. Acesso em: 28 out. 2024. Heike Tost; Frances A. Champagne; Andreas Meyer-Lindenberg, "Environmental Influence in The Brain, Human Welfare and Mental Health". *Nature Neuroscience*, v. 18, n. 10, pp. 1421-31, 2015. Disponível em: <doi.org/10.1038/nn.4108>. Acesso em: 28 out. 2024. Joseph E. Dunsmoor; Jennifer T. Kubota; Jian Li, Cesar A. O. Coelho; Elizabeth A. Phelps, "Racial Stereotypes Impair Flexibility of Emotional Learning". *Social Cognitive and Affective Neuroscience*, v. 11, n. 9, pp. 1363-73, 2016. Disponível em: <doi.org/10.1093/scan/nsw053>. Acesso em: 28 out. 2024.

13. Gregory N. Bratman et al., "Nature and Mental Health: An Ecosystem Service Perspective". *Science Advances*, v. 5, n. 7, eaax0903, 2019. Disponível em: <doi.org/10.1126/sciadv.aax0903>. Acesso em: 28 out. 2024. Adrian Buttazzoni; Sean Doherty; Leia Minaker, "How Do Urban Environments Affect Young People's Mental Health? A Novel Conceptual Framework to Bridge Public Health, Planning, and Neurourbanism". *Public Health Reports*, v. 137, n. 1, pp. 48-61, 2022. Disponível em: <doi.org/10.1177/0033354920982088>. Acesso em: 28 out. 2024.

14. A dupla de epidemiologistas Richard Wilkinson e Kate Pickett tem dois livros, *The Spirit Level* e *The Inner Level*, sobre o tema da desigualdade e seus efeitos nocivos sobre a nossa saúde emocional. Apenas o primeiro já foi traduzido para o português, como *O nível: por que uma sociedade mais igualitária é melhor para todos* (Trad. de Kate Pickett. Rio de Janeiro: Civilização Brasileira, 2015).

15. Yaara Zisman-Ilani; Daniel Hayes; Daisy Fancourt, "Promoting Social Prescribing in Psychiatry-Using Shared Decision-Making and Peer Support". *JAMA Psychiatry*, v. 80, n. 8, pp. 759-60, 2023. Disponível em: <doi.org/10.1001/jamapsychiatry.2023.0788>. Acesso em: 28 out. 2024. Yaara Zisman-Ilani; Robert M. Roth; Lisa A. Mistler, "Time to Support Extensive Implementation of Shared Decision Making in Psychiatry". *JAMA Psychiatry*, v. 78, n. 11, pp. 1183-4, 2021. Disponível em: <doi.org/10.1001/jamapsychiatry.2021.2247>. Acesso em: 28 out. 2024.

POSFÁCIO [PP. 217-27]

1. Alex Rosenberg, *Introdução à filosofia da ciência*. São Paulo: Loyola, 2009, p. 27.

Índice remissivo

Adler, Alfred, 192
Anatomy of an Epidemic [Anatomia de uma epidemia] (Whitaker), 106
anfetaminas, 12, 81, 108, 112
Angell, Marcia, 92-3, 100, 103, 113
angústia, 13, 27, 207; ecológica, 213
ansiedade, 12-3, 41-2, 45, 48, 52, 73, 85, 90-2, 94-6, 104, 110-1, 169-70, 186, 194, 197, 202; climática, 213; marcadores biológicos de, 47-8, 51
antidepressivos, 9, 12-3, 23, 54, 66, 70, 73, 76, 79-80, 82-5, 89-94, 102-7, 112-4, 166, 169-70, 173-4, 177, 179, 191, 229; efeitos dos, 75
antipsicóticos, 9, 23, 78, 82, 107, 188, 191, 229
Associação Americana de Psiquiatria (APA), 208-9
atividade cerebral, 41, 122, 146-8, 150, 152-3, 159
autoajuda, 10
Aviv, Rachel, 206
ayahuasca, 177

Bachstrom, Johann Friedrich, 60-2
Beck, Aaron, 193
Beer, Paulo, 245
behaviorismo, 192-5, 245
Bento, Cida, 248

Berrios, Germán E., 242-3
Bion, Wilfred, 192, 244
Bleger, José, 192
Bleichmar, Silvia, 192
blockbusters (medicamentos), 88, 170, 174
bomba atômica, 223-7
borderline, transtorno de personalidade, 195
Box, George, 150
Brickner, Richard, 203
British Journal of Psychiatry, 234
Brontë, Charlotte, 119-20
Browne, doutor, 119-20
Bruno, Giordano, 221
Bryant, Michael, 243
Bucy, Paul, 121
Burckhardt, Gottlieb, 202

calmantes, 9, 18, 23, 95
canabidiol, 178
Canguilhem, Georges, 32, 36, 38
Cannabis sativa, 177-8
Carneiro, Sueli, 207, 247
Chernobyl, 224
ciência, 218, 221-3; aplicada, 58, 63; autonomia da, 221, 223
citalopram, 85
Classificação Internacional de Doenças (CID), 98

clomipramina, 89
clorpromazina, 78-9, 81-2, 98, 204
colágeno, 62
Colégio Europeu de Neuropsicofarmacologia, 169-70
comportamento medicalizante, 108
Concerta, 109
controle emocional, estratégias mentais de, 156
Coppen, Alec, 234
copernicanismo, 221
cor do inconsciente, A (Nogueira), 206
cortisol, 51, 172-3
covid-19, 18, 169, 213
Cunha, Euclides da, 120; endosso ao racismo científico, 237

Damásio, António, 122-3, 148
Darwin, Charles, 185
Declaração de Helsinque, 168-9
Default Mode Network (DMN), 152
déficit de atenção, 108-11
degenerescência, teoria da, 185-7
demência precoce, 187-8
dependência química, 178
depressão, 13, 17, 21, 32-5, 37-9, 41-2, 45, 48, 52, 70-1, 80-5, 90, 92, 94, 97-8, 101-2, 105, 107, 110, 114, 134, 158, 166, 169-70, 172, 176-8, 186, 197, 213; associações, 41; desestigmação, 37; marcadores, 47-8, 51-2; níveis de cortisol e, 51; relação entre dopamina e, 32; remédios sob suspeita, 88; teoria noradrenérgica da, 234; teoria serotonérgica, 234; tratamentos farmacológicos da, 113
desânimo, 29, 33, 79, 101, 194
descoberta do inconsciente, A (Ellenberger), 65
desigualdade social, 171, 209-10
desipramina, 89
determinismo biológico, 185-6
diagnósticos, 13, 21-2, 34-5, 38, 52, 71, 79, 97-100, 102, 107, 109-10, 113, 134-6, 155, 159, 167, 182, 184-5, 187, 189, 194

Dickens, Charles, 120
DNA, 11, 47, 52, 175-6, 185, 232
doente imaginário, O (Molière), 60
Dolto, Françoise, 192
dopamina, 9, 33, 35, 38, 40, 41, 45, 83; relação entre depressão e, 32

eletrochoque, 23, 198
Ellenberger, Henri F., 65
empirismo, 72
erro de Descartes, O (Damásio), 122
escitalopram, 85
esclerose múltipla, 20, 134
escuta, ato da, 24, 27, 181, 212, 214
esperança de Pandora, A (Latour), 180, 242
esquizofrenia, 17, 42, 134-5, 159, 188
estimulantes, 9, 23, 76, 81, 108-9
estresse pós-traumático, 42, 178
euforia, 29, 79, 87, 109, 114
eugenia, 186, 225-7, 243

fake news, 219
falsa medida do homem, A (Gould), 232
Fanon, Frantz, 207
Fantástico (programa de TV), 108
farmacologia, era de ouro da, 77
farmacopeia, 76-7, 81
Faustino, Deivison, 207
fenomenologia, 183
Firestein, Stuart, 161
fluoxetina, 85, 88
fluvoxamina, 85
fobia social, 42
Folha de S.Paulo, 32, 37
Food and Drug Administration (FDA), 54, 93
Foucault, Michel, 165-7
Freeman, Walter, 204
Freud, Anna, 192, 245
Freud, Sigmund, 181-2, 185, 191
Fulton, John, 202-3

Gage, Phineas, 122
Galilei, Galileu, 221-3, 226
Gall, Franz Joseph, 120-1
Gaupp, Robert, 243

Gestalt-terapia, 195
Gonzalez, Lélia, 248
Gould, Stephen Jay, 232
Green, André, 192
Griesinger, Wilhelm, 243
Groddeck, George, 192

Haldane, J. B. S., 161
Haraway, Donna, 41
Haygraph, John, 67-8, 70
Healing: Our Path from Mental Illness to Mental Health [Processo de cura: nosso caminho da doença mental para a saúde mental] (Insel), 170-1, 241
Healy, David, 112
Heathers, James, 45
Herculano-Houzel, Suzana, 32, 35, 37
Herrmann, Fabio, 192
hipnose, 68
hipnóticos, 23
Hopkins, Jim, 151
Hornstein, Luis, 192
hospícios, 78, 80, 82
humor, estabilizadores de, 23, 188
Husserl, Edmund Gustav Albrecht, 242

ibogaína, 177
Ignorância (Firestein), 161
Igreja católica, 221
imipramina (composto G22355), 79-84, 89, 166
incomensurabilidade na ciência, A (Kuhn), 76
indústria farmacêutica, 18, 29, 38, 72, 92-3, 99, 106, 112, 174
Insel, Thomas, 165, 170-1
Instituto Nacional de Saúde Mental (NIMH), 170-1
Introdução à filosofia da ciência (Rosenberg), 222
Ioannidis, John, 46-7, 231, 235
Iowa gambling task (tarefa de atividade cerebral), 148
iproniazida, 81, 83
isoniazida, 80

Jacobsen, Carlyle, 202
Janet, Pierre, 191
Jaspers, Karl, 183-5, 200, 241
Journal of the American Medical Association (JAMA), 92
Jung, Carl, 192
Juquery, hospital do, 204
Justman, Stewart, 57

Kahlbaum, Karl Ludwig, 243
Kirsch, Irving, 93-4, 100, 102-5, 113-4
Klein, Melanie, 192, 244
Kline, Nathan, 81
Klüver, Heinrich, 121
Kraepelin, Emil, 185-91, 243
Kramer, Peter D., 89, 103-4, 106
Kuhn, Roland, 78-81, 166-9, 167
Kuhn, Thomas S., 76, 234

Lacan, Jacques, 192-3
Laplanche, Jean, 192
Latour, Bruno, 180, 242
LeDoux, Joseph, 123
leucotomia, 202-5, 246-7
Lima, Pedro de Almeida, 203
Lind, James, 57-8, 60-5
lítio, 23
lobotomia, 201, 203, 246
LSD, 177

MacLean, Paul, 121
mania, 79
manipulação cerebral, 161, 208
Manual Diagnóstico e Estatístico dos Transtornos Mentais (DSM), 34, 98, 165, 208-9
Mao Tsé-Tung, 200-1, 246
maprotilina, 89
marcadores biológicos, 33-4, 38, 41-2, 45, 47, 51, 56, 172, 176, 208-9
McKissock, Wylie, 204
medicações psiquiátricas, 106, 112, 158, 168-70; *ver também* medicações específicas
Medicina de Precisão (movimento), 175-6

medicina psicossomática, 192
Mezan, Renato, 180, 242, 244
migração, 210
mindfulness, 195-7
Mischel, Walter, 48-9
Molière [Jean-Baptiste Poquelin], 60
Moniz, Egas, 201-3, 246
Moreno, Jacob Levy, 196
movimento neokraepeliniano, 189
mudanças climáticas, 86, 213
Münsterlingen, hospital psiquiátrico de, 78, 166, 241

Nação Prozac (Wurtzel), 89
Nature (revista), 32
neokraepeliniano (movimento), 189
neurociências, 11, 13, 30, 114, 123, 125, 151, 154, 170-1, 173-4, 176, 191, 209
neurofeedback, 153-8
neuroimagem, 48, 125, 127, 156, 162, 176, 239
neurotransmissores, 29, 38, 41, 86, 149, 198, 208; monoaminas, 83-4, 173; noradrenalina, 83-5; serotonina, 12, 41, 83-4, 114
New England Journal of Medicine (revista), 92
New York Review of Books, The (revista), 93
Nitsche, Paul, 243
Nogueira, Isildinha Baptista, 206
normal e o patológico, O (Canguilhem), 32, 36
nortriptilina, 89
Nutt, David, 177

Ogawa, Seiji, 138
Ordinarily Well (Kramer), 103, 106
Ortega, Francisco, 17
Ouvindo o Prozac (Kramer), 89, 103

pandemia, 18, 213; aumento do consumo de antidepressivos, 169
pânico, 27-8, 42, 94-5, 221, 229; ataque de, 25-6
Papez, James, 121
paroxetina, 85, 88

Paxil, 88-9
Penrose, Roger, 160
Perkins, Elisha, 66-8
Perls, Fritz, 195
Perls, Laura, 195
personalidade, 49, 73, 89, 119, 120-1, 202; borderline, transtorno de, 195; correlação entre anatomia e, 120
pesquisas: com animais, 121-2; confiabilidade dos resultados, 46-7; e relevância clínica, 51-3, 55; em animais não humanos, 42-5; falta de evidência de causalidade, 48; interpretação dos resultados científicos, 55-6; ratos e camundongos, 43-4, 230-1; resultados falsos, 47; teste do marshmallow, 49-50; variabilidade individual, 231
piauí (revista), 94
Pickett, Kate, 248
Pimenta, Aloysio de Mattos, 204
placebo, 64-75, 93, 102-4, 111, 167-8
PLoS Medicine (revista), 46, 93
poder psiquiátrico, O (Foucault), 165
Pontalis, Jean-Bertrand, 192
preguiça, 32, 36-7
Prozac, 88-9, 92
psicanálise, 182-3, 192-3, 195-7, 228, 244-5
Psicanálise e ciência (Beer), 245
psicodélicos, 177-8
psicodrama, *ver* Moreno, Jacob Levy
psicofarmacologia, 82, 86, 98, 168-70, 175, 178; da depressão, 166, 169-70, 177; dos *blockbusters*, 170
psicologia, 22, 125, 155, 191, 193, 195, 226; "psicologia do ego", 192
psicopatologia, 183-4
Psicopatologia geral (Jaspers), 184
psicose, 17, 79, 81, 188
psicoterapia, 11, 23, 82, 103, 158, 179, 191-9
psilocibina (alucinógeno), 177
"psiquiatria cosmética", 89

qualidade de vida, 102, 104, 195
questão da culpa, A (Jaspers), 200

racismo, 86, 206-7, 209-10, 237, 248
redes sociais, 9, 95, 219
reinvenção da natureza, A (Haraway), 41
remédios psiquiátricos, 24, 53, 106; papel dos efeitos placebos no desenvolvimento dos, 65; *ver também* específicos
ressonância magnética, 124, 131-4, 138, 146, 154, 209; funcional, 124, 127-9, 136, 139, 141-3, 145-7, 150-9; *gambling*, 148; mapas de probabilidades, 152; resposta hemodinâmica, 138-9, 141-2, 156; riscos de erro, 141, 143
Ribeiro, Sidarta, 177
Ritalina, 109
Rogers, Carl, 195
Rosenberg, Charles, 88, 222
Rüdin, Ernst, 243

Santos, Antônio Bispo dos, 248
Segunda Guerra Mundial, 225
serotonina, 12, 41, 83-4, 114; inibidores seletivos de recaptura de, 85, 88, 91, 169
sertralina, 85, 88
shared decision-making (decisão clínica compartilhada), 212
Síndrome de Tourette, 71
Schildkraut, Joseph, 234
Skinner, Burrhus, 194
Snowden, Edward, 127
solastalgia, 213
Solms, Mark, 245
Sombras da mente (Penrose), 160
Souza, Neusa Santos, 248
Stengers, Isabelle, 5, 191, 228, 244

talking therapies, 196
terapia(s): cognitivo-comportamental (TCC), 194-8, 245; manualização das, 194, 197; positiva, 194-5; psicodinâmicas, 245; *treatments that work*, 196, 245
testes farmacogenéticos, 53-5
tetrahidrocanabinol (THC), 178
tranilcipromina, 89
transtorno mental, 9-10, 21, 31, 41-2, 56, 98-100, 106, 108, 114-5, 126, 152, 159, 162, 170-2, 175, 178, 184, 189-90, 205, 207, 209; bipolar, 17, 159, 188; componentes biológicos, 22; de déficit de atenção com hiperatividade (TDAH), 108-12; de pânico, 23, 25; determinantes sociais, 209; manifestação dos sintomas, 21; manuais de diagnósticos de, 172; obsessivo-compulsivo, 23-4, 71
tristeza, 21, 27, 29, 97, 101
tronco e os ramos, O (Mezan), 180
Turner, Erick H., 92

Uma outra ciência é possível (Stengers), 191, 244
urbanização, influência no desenvolvimento cerebral, 210

Varella, Drauzio, 108
Venvanse, 108-9
Verdeaux, George, 166, *167*
Verdeaux, Jacqueline, 166, *167*

Watts, James, 204
Wilkinson, Richard, 248
Whitaker, Robert, 106-7, 112-3
"Why Most Published Research Findings Are False" [Por que a maioria dos resultados de pesquisa é falsa] (Ioannidis), 46
Winnicott, Donald, 192
Wundt, Wilhelm, 191, 194, 243
Wurtzel, Elizabeth, 89

Zoloft, 88-9

Copyright © 2025 Juliana Belo Diniz

Todos os direitos reservados. Nenhuma parte desta obra pode ser reproduzida, arquivada ou transmitida de nenhuma forma ou por nenhum meio sem a permissão expressa e por escrito da Editora Fósforo.

DIRETORAS EDITORIAIS Fernanda Diamant e Rita Mattar
EDITORA Eloah Pina
ASSISTENTE EDITORIAL Millena Machado
PREPARAÇÃO Fernanda Windholz, Lourenço Fernandes Neto e Silva e Bonie Santos
REVISÃO Fernanda Campos e Daniela Uemura
ÍNDICE REMISSIVO Maria Claudia Carvalho Mattos
DIRETORA DE ARTE Julia Monteiro
CAPA Pedro Inoue
IMAGENS p. 133 WikiCommons; p. 140 "The Devil Is in the Details: Predicting Alzheimer's", *Everything Zoomer*, 30 out. 2013; p. 167 Foto de Jacqueline Verdeaux, 1954 (© Éditions de l'EHESS)
PROJETO GRÁFICO Alles Blau
EDITORAÇÃO ELETRÔNICA Página Viva

CIP-BRASIL. CATALOGAÇÃO NA PUBLICAÇÃO
SINDICATO NACIONAL DOS EDITORES DE LIVROS, RJ

D611q

Diniz, Juliana Belo
  O que os psiquiatras não te contam / Juliana Belo Diniz ; posfácio Claudemir Roque Tossato. — 1. ed. — São Paulo : Fósforo, 2025.

  ISBN: 978-65-6000-082-77

  1. Psiquiatria. 2. Desordens mentais. 3. Transtornos neurocomportamentais. I. Tossato, Claudemir Roque II. Título.

	CDD: 616.89
24-95514	CDU: 616.89

Gabriela Faray Ferreira Lopes — Bibliotecária — CRB-7/6643

1ª edição
2ª reimpressão, 2025

Editora Fósforo
Rua 24 de Maio, 270/276, 10º andar, salas 1 e 2 — República
01041-001 — São Paulo, SP, Brasil — Tel: (11) 3224.2055
contato@fosforoeditora.com.br / www.fosforoeditora.com.br

Este livro foi composto em GT Alpina e GT Flexa e impresso pela Ipsis em papel Golden Paper 80 g/m² para a Editora Fósforo em julho de 2025.

A marca FSC® é a garantia de que a madeira utilizada na fabricação do papel deste livro provém de florestas gerenciadas de maneira ambientalmente correta, socialmente justa e economicamente viável e de outras fontes de origem controlada.